아들러 박사의
용기를 주는
교육법

아들러 박사의
용기를 주는
교육법

개정 1쇄 인쇄 2011년 8월 17일
개정 1쇄 발행 2011년 8월 25일

지 은 이   호시 이치로
옮 긴 이   김현희
발 행 인   김청환
발 행 처   이너북
책임편집   이선이

등   록   제 313 - 2004 - 000100호

주   소   서울시 마포구 염리동 8-42 이화빌딩 807호
전자우편   innerbook@naver.com
전   화   02 - 323 - 9477
팩   스   02 - 323 - 2074

ISBN 978 - 89 - 91486 - 57 - 7   13590
http://blog.naver.com/innerbook

값은 표지 뒷면에 표기되어 있습니다.
파본은 교환해 드립니다.

이너북은 독자 여러분의 의견을 소중하게 생각합니다.

아들러 박사의 용기를 주는 교육법

고래도 춤추게 하는 말의 마법

호시 이치로 지음 · 김현희 옮김

이너북

나는 심리치료사라는 일의 특성상, 지금까지 수많은 어머니들의 자녀교육에 관한 고민을 들어 왔다. 최근에 어머니들이 가장 걱정하는 자녀교육에 대한 고민은 다음과 같다.

"우리 아이는 사소한 일도 금방 포기해 버려요."

"누군가에게 무슨 말만 들어도 충격을 받아서, 풀이 죽어 버려요."

"자꾸 재촉하지 않으면 우리 아이는 자기가 나서서 뭘 하려고 하지를 않아요."

사실 아이들의 이런 문제는 지금까지 '실패를 어떻게 체험해 왔는지', 그 방식에 큰 원인이 있다고 할 수 있다.

어떤 일을 잘 하지 못했거나 실패를 했을 때 부모에게서 "그러면 안 돼!"라는 말을 들으며 자라는 아이는, "어차피 난 아무것도 못하는 아이야"라고 자신감을 잃고 소극적이 된다. 그리고 토라져서 의욕까지 상실하게 된다.

최근에는 실패를 경험해 보지 못한 아이들이 늘고 있다고 한다.

부모가 아이를 지나치게 보호하려다보니, "이런 일은 하면 안돼", "내가 시키는 대로 해"라고 사전에 길을 닦아주기 때문이다.

실패를 모른 채 성장하는 아이는 장래 어떻게 될까?

사소한 일에도 상처를 입고 다시 회복하기가 힘들어질 것이다. 어쩌면 부모가 지시한 대로밖에 행동하지 못하는 매뉴얼적인 인간이 될지도 모른다. 실패를 지나치게 두려워한 나머지, 도전도 하지 못하고 자신의 가능성을 묻어버릴 수도 있다. 무엇보다도 실패를 이겨내고 앞으로 나아가는 힘이 없으면, 격동하는 이 사회의 흐름을 따라잡기 힘들다.

이 사회에는 작은 좌절을 계기로 세상 밖에 나가지 못한 채 집안에만 틀어박혀 지내는 젊은이들이 많다. 사건을 일으켜 놓고 사표만 쓰면 책임을 다한 것이라고 착각하는 사람들도 있다. 세상에 폐를 끼쳐서 죄송하다며 자살하는 사람도 있다. 이들 모두가 실패에서 뭔가를 배우지 못했기 때문에 이런 행동을 한다고 볼 수 있다.

이 책에서 소개하는 아들러 심리학은 프로이트와 융에 필적하는 오스트리아 정신과 의사인 알프레드 아들러 박사가 제창한 실천 심리학이다. 여기서는 실패를 '나쁜 것이' 아니라 '소중한 체험' 으로 보고 있다. 특히 아이들에게는 실패가 성공으로 이어지는 가장 소중한 기회이기도 하다. 이 심리학에서 보여주는 교육법은 아이에게 자신감과 의욕을 심어준다. 그래서 '용기를 주는 교육법' 이라고도 불리고 있다.

이 교육법의 원칙은 실패했다고 해서 야단을 치거나 방치하는 것이 아니라 "이번엔 잘 되지 못했구나", "유감이구나" 하고 일단 실패를 받아들인 다음, "그럼 다음에는 어떻게 하면 잘 될까?" 라는 질문을 통해서 아이가 스스로 생각하게 만드는 것이다. 또한 남에게 폐를 끼쳤을 때 그 책임을 지는 방법도 가르친다.

요즘 시대는 매뉴얼대로 움직인다고 해서 모든 일이 저절로 해결되지는 않는다. 스스로 먼저 사물에 도전해 보고, 실패하더라도 그 체험을 통해서 뭔가를 배우고, 다음 기회에 활용할 수 있는 능력이 절대적으로 필요하다.

'실패를 두려워하지 않는 당당한 아이'로 키우는 일은, 앞으로 이 사회를 살아갈 아이에게 있어서 최고의 선물이 될 것이다.

아이에게는 부모와의 관계가 최초의 인간관계이며, 부모가 어떻게 자식을 대하느냐에 따라서 아이는 다양한 가능성을 갖고 성장하게 된다.

이 책은 자녀교육의 요점이라고도 말할 수 있는 '실패를 제대로 체험하는 방식'에 대해서 이야기하고 있다. 또한 작은 실패를 바탕으로 아이들이 크게 성장할 수 있도록, 그에 맞는 사고방식과 구체적인 노하우를 소개하고 있다. 아이를 가지고 있는 부모들에게 이 책이 조금이라도 도움이 될 수 있다면 정말 행복하겠다.

호시 이치로

부모의 역할은 아이가 실패를 경험하지 못하도록
보호하고 지키는 일이아니라, 아이가 스스로 실패를 통해서
무언가를 배울 수 있도록 도와주는 일이다.

1장

실패를 두려워하지 않는 아이와
실패를 두려워하는 아이의 큰 차이점

3장

의욕과 재능을 이끌어 내는
말의 마법

5장

어떤 체험도 모두 성공으로 이어지는 습관 기술

6장

아들러 박사의 실패를
활용하는 자녀교육법

실패를 두려워하지 않는 아이와 실패를 두려워하는 아이의 큰 차이점

실패를 모르고 자란 아이는 '실패에 약한' 아이가 된다. 100점 만점을 받지 않으면 자신을 좋아할 수가 없게 된다. 사춘기가 지나면 아이는 친구관계도 복잡해지고, 크고 작은 수많은 실패에 직면하는데 실패를 모르는 아이는 작은 실패에 직면할 때조차 다시 일어서기 힘들다. 부모의 역할은 아이가 실패를 경험하지 못하도록 보호하고 지키는 일이 아니라, 아이가 스스로 실패를 통해서 무언가를 배울 수 있도록 도와주는 일이다.

아이를 실패에서 지켜주는 것이 부모의 역할이라고 생각하고 있나요?

부모의 처지에서는 아이가 운동회에서 활약하거나 대회에서 상을 받거나, 훌륭한 성적을 올리거나, 입시에서 합격을 하면 정말 자랑스럽고 기쁠 것이다.

그와는 반대로 숙제나 학용품을 잘 잊어버려서 선생님에게 호되게 야단을 맞거나, 축구팀에서 주전선수가 되지 못하거나, 나쁜 점수를 받은 시험지가 책가방 안에서 뭉개져서 나오기라도 하면, 부모는 당황하거나 실망하거나 혹은 화가 날지도 모른다.

자녀교육을 열심히 하는 어머니일수록 '자식을 실패에서 지켜주는 것이 자신의 역할'이라고 굳게 믿는다. 그래서 사전에 위험한 일은 되도록 하지 못하게 하면서, 성과가 오를 수 있는 방법을 가르친다. "이렇게 하면 잘 된단다", "이대로 하지 않으면 넌 실패할 거야"라면서 아이를 위해 미리 길을 닦아주는 것이다.

이런 식으로 항상 부모가 준비해 준 길을 걸으며 실패를 하지 않는 아이는, 결국 어머니의 말만 듣고 있으면 다 해결되기 때문에 실패를 체험하지 않을지도 모른다.

하지단 언제까지 그런 일이 가능할까?

초등학교에서 성적이 늘 1등인 우등생이 나중에 중학교에 진학해서도 똑같이 1등이 된다는 보장은 없다. 또 고등학교에 가서도 반드시 1등이 될 수 있다고 말하기는 더더욱 어렵다. 더구나 대학도 마찬가지다. 대학에서 1등이 된다는 것은 보통 어려운 일이 아니기 때문이다. 회사에 들어가면 더더욱 어려워진다. 이처럼 반드시 어떤 시점에서 실패를 경험하게 된다. 사회에 나와서까지도 "엄마가 시키는 대로 하면 돼"라고 무조건 어머니의 말을 따를 수는 없는 노릇이다. 결코 그렇게 해서 해결될 문제가 아니다.

과잉보호란 굳이 사치스러운 것을 많이 사주는 것이 아니다. 실패를 체험하지 못하게 하고 극진히 보호하면서 키우는 일이 바로 과잉보호다.

실패를 모르고 자란 아이는 '실패에 약한' 아이가 된다. 100점 만점을 받지 않으면 자신을 좋아할 수가 없게 된다. 사춘기가 지나면 아이는 친구관계도 복잡해지고, 크고 작은 수많은 실패에 직면하는데 실패를 모르는 아이는 작은 실패에 직면할 때조차 다시 일어서기 힘들다.

부모의 역할은 아이가 실패를 경험하지 못하도록 보호하고 지키는 일이 아니라, 아이가 스스로 실패를 통해서 무언가를 배울 수 있도록 도와주는 일이다.

착한 아이보다 대처능력이 있는
아이가 더 크게 성장한다

최근 들어 쉽게 좌절하는 아이가 확실히 늘고 있다.

물론 어렸을 때는 부모가 실패의 위험으로부터 아이를 보호하므로 그것은 그리 문제가 되지 않는다. 그러나 아이가 자라 사춘기 청소년이나 성인이 되면, 그 문제는 표면에 떠오른다.

사소한 인간관계에서 좌절을 하고, 상처를 입어 스스로 고립되고 마는 것이다. 섭식장애(정상적인 식사행동에 장애가 오는 것으로 의학적으로 신경성 식욕부진, 신경성 폭식증 등으로 나뉜다. 일반인에게는 흔히 거식증, 과식증으로 잘 알려져 있다)를 일으키거나 자해행위, 또는 가정 내 폭력을 서슴지 않으며 사회에 나와서는 쉽게 좌절하고 우울 상태에 빠지고 만다.

그 아이들이 잘못했다거나 어리광을 부리고 있다고 말하는 것이 아니다. 그들은 좌절을 하고, 큰 상처를 입고, 열심히 SOS를 외치고 있다. 그런 식으로 괴로움을 표현하는 이외에 달리 대처할 방법을 모르는 것이다.

실패하면 분명히 상처를 입는다. 심지어 어린아이조차도 뭔가 원하는 대로 일이 잘 풀리지 않으면 슬픈 감정을 느끼고 실망한다. 하지만 어려서부터 제대로 실패를 경험하면서 자란 아이는 대처능력을 키울 수 있다.

대처능력이란 어려운 일이 닥쳤을 때 그것을 이겨낼 수 있는 방법을 생각해내는 것이다. 다시 말하면 앞으로 어떻게 하면 좋을지 스스로 판단한 후, 그것을 실행으로 옮기는 힘이다. 그리고 결과에 책임을 지는 능력이다.

성적이 좋은지 나쁜지 또는 문제를 일으키지 않는 착한 아이인지 아닌지와 같은 점보다는, 실패했을 때 대처능력이 있는지 없는지가 앞으로 사회를 살아가는 데 있어서 중요한 요점이 된다.

아이가 실패로 인해 조금 상처를 입더라도 그는 반드시 그 과정에서 성장한다.

실패는 '노란불' 이라고 할 수 있다. 어떻게 취급하느냐에 따라서, 빨간불도 되고 파란불도 되는 것이다. 실패를 체험하지 않은 아이는, 아무리 '착한 아이' 라도 그저 매뉴얼적인 인간이 될 뿐이다. 지시한 대로밖에 행동하지 못하고, 응용도 못 하며, 막상 곤란한 상황에 직면하면 어찌할 바를 모르는 타입이다.

실패를 통해서 배우고 성장해 가기 위해서는, 부모가 아이의 실패를 부정하지 않고 인정하는 것이 중요하다.

만약 일이 잘 풀리지 않아도 '이번에는 일이 잘 풀리지 않았지만 다음에는 잘 할 수 있을 거야' 하고 생각하면 된다.

실패란 '이 방법으로는 안 되겠군' 또는 '이것 말고 또 다른 방법이 있을지도 모른다.' 이런 점들을 직접 가르쳐 주는 귀중한 기회이기 때문이다.

부모가 실패를 두려워하면 아이는 도전하지 못하는 사람이 된다

아이가 컵을 떨어뜨려서 깨뜨렸을 때, "그럼 안 되잖아! 조심해"와 같은 말을 하고 있지 않은가. 혹은 시험성적이 나쁘면 "그것 봐, 그러니까 그렇게 공부하라고 했잖아"라고 야단을 치지는 않는가.

실패는 결코 나쁜 것이 아니다. 사람은 누구나 다 실패한다. 특히 아이는 더 많은 실패를 경험한다. 누구나 처음부터 잘 하는 일이란 없기 떠문이다. 아이에게는 하루하루가 새로운 도전과 실패의 연속이다.

실패한 아이에게 "그럼 안 돼!"라고 야단을 치면, 그 아이는 완전히 자신감을 잃게 되어서 "어차피 난 아무것도 못 해"라고 토라지거나 무기력해지거나 또는 실패를 두려워해서 새로운 일에 도전하지 못한다.

항상 구석에서 조용히 주위의 기색을 살피는 '소극적인' 아이들은, 실패하는 것을 무서워해서 직접 나서서 무언가를 하려고 하지 않는다. 도전하지 않는다면 실패도 하지 않고 끝낼 수 있기 때문이다.

이런 아이에게는 "실패해도 괜찮단다"라고 격려해 주는 것이 더 중요하다.

"잘 하지 못해도, 엄마는 널 아주 좋아해. 널 응원하고 있단다. 다음번에는 분명 잘 할 수 있을 거야……." 이런 부모의 자세가 아이에게는 큰 힘이 된다.

아들러 심리학에서는 '실패하는 것이 오히려 더 중요한 체험'이라고 보고 있다.

사람은 이치가 아니라, 체험을 통해서 '직접 알게' 된다. 그리고 그때 처음으로 성장하게 된다. 실패야말로 '직접 알 수 있는' 귀중한 기회인 셈이다. 이런 기회를 어린 시절에 얼마나 잘 활용할 수 있느냐에 따라서 그 후의 인생이 완전히 변한다.

특히 미래가 불투명한 격동의 사회를 살아가는 현대의 아이들에게는, 어릴 때부터 제대로 '실패를 체험하게 해 주는 일'이 자녀교육의 요점이 된다.

아이에게 필요한 도움,
필요하지 않은 도움

실패를 통해서 몸소 안다는 것은, '철저하게 뭔가를 깨닫게 되는' 일은 아니다.

아이가 실패하면 부모들은 자주 이런 말을 한다.

"그것 봐라!", "그러니까 내가 그렇게 말했잖아!"

무조건 아이 잘못으로 돌려버리는 것이다.

물론 그런 말을 하고 싶은 마음도 이해가 된다. 부모가 아이보다는 체험이나 정보의 양이 훨씬 많기 때문에 '이대로 가다가는 실패한다' 는 예측도 하기 쉬울 것이다.

"언제까지 그렇게 게임만 하고 있을 거니? 숙제 다 안 했잖아. 내일 학교 가면 선생님에게 혼날 거야."

"매일 그렇게 놀다가는 성적이 떨어진다니까."

이런 식으로 입이 닳도록 충고를 했는데도, 아이는 아무렇지 않은 얼굴을 하고 있다. 결과는 역시 부모가 예측한 대로 아이는 곤란한 상황에 빠지고 말았다. 이렇게 되면 부모는 당당하게 "그렇게 될 줄 알았어"라고 말한다.

하지만 "엄마가 시키는 대로 하면 된다"라고 말하면서 "내일부터 연습문제를 매일 3페이지씩 풀어라, 한자공부를 30분 동안 하거라……"라고 시끄럽게 잔소리를 하거나 꾸짖는다면, 아이는 완전히 공부가 싫어져 버릴 것이다. 그렇다고 해서 "아, 나도 이젠 몰라. 네가 알아서 다 해!"라고 그냥 방치해 버리면, 아이는 부모가 자신을 미워한다고 생각해서 자신감을 잃고 만다. 그리고 의욕도 생기지 않는다.

아이가 실패해서 풀이 죽어있을 때야말로 부모의 도움이 필요하다.

부모가 아이를 야단치는 것도 방치해 버리는 것도 다 아이의 실패에 동요해서 실망했기 때문이리라. 하지만 조금 더 넓게 시야를 갖고, 이런 기회를 효과적으로 활용하자. 아이가 실망해서 갑자기 기운을 잃고 있을 때, 일단 "실패했네"라고 말을 걸어준다. 즉 실패를 "있어서는 안 되는 일"로 삼지 말고, 있는 그대로 인정해 주는 것이다. "유감이구나", "풀이 죽어있구나" 등 아이의 마음을 인정해 준다.

그런 다음 아이가 어떻게 하고 싶은지, 그러려면 어떻게 하는 것이 좋은지를 아이와 함께 생각한다.

이렇게 도와주는 일이 부모와 자식간에 신뢰감을 키워주며, 아이는 실패한 자신을 싫어하지 않고, 새로운 행동을 할 수 있게 된다.

똑같은 실패를
자꾸 반복하는 이유

우리 주변에는 흔히 깜박해서 물건을 잘 챙기지 못하거나 약속을 잘 지키지 못하는 아이가 있다. 그리고 그 아이들의 어머니는 이렇게 말한다.

"한 번 정도라면 실패해도 용서할 수 있습니다. 하지만 이렇게 몇 번이나 반복한다는 건 진심으로 반성하고 있지 않다는 증거가 아닐까요?"

하지만 잘 생각해 보라. 어른들도 늘 똑같은 실패를 여러 번 반복한다. 약속시간에 자주 늦는 사람도 있고, 항상 같은 문제로 시어머니와 언쟁을 반복하는 어머니도 있다. 이처럼 반성만으로는 쉽게 자신의 실패를 고치기가 힘들다.

똑같은 실패를 반복하는 큰 이유는 다른 방식을 모르기 때문이다.

집을 나서기 바로 직전에 "아, 그걸 깜빡했네." 또는 "ㅇㅇ하는 걸 잊고 있었네" 하고 허둥지둥 한다면 당연히 약속시간에 늦을 수밖에 없다. 성격이 잘 맞지 않는 사람이나 이해(利害)관계에서 대립하는 사람과 어울리는 방법을 배우지 않는 한, 충돌은 반복될 것이다. 아이도 마찬가지다.

실패하지 않으려고 아무리 반성하고 다짐해도, 해결 방식이 달라지지 않는 한 당연히 똑같은 행동을 반복할 것이다.

시험을 칠 때 사소한 실수를 하지 않으려고 다짐해도, 마땅한 대책을 생각해 내지 않으면 실수는 당연히 있게 마련이다.

아이 스스로가 '실수하지 않으려면 어떻게 해야 할까?' 하고 고민하는 것이 중요하다. 가능하다면 한 가지 해결책만이 아니라, 여러 가지 방법을 생각해낼 수 있도록 뒤에서 도와주자.

어떤 일이든 한 가지 방법만 있는 것은 아니다. 일이 잘 풀리지 않을 때는 다른 방법을 생각하는 것도 살아가는 데 있어서 무엇보다도 큰 힘이 된다.

아이가 실패를 반복하는 이유 중에 흔히 볼 수 있는 것이 있다. 바로 자신의 실패로 인해 곤란함을 겪지 않는 것이다. 그렇기 때문에 아이는 같은 실패를 반복한다. 아이가 집에 중요한 것을 놓고 학교에 가도 어머니가 학교에 가져다준다면, 아이는 자신의 실패 때문에 곤란한 일을 겪지 않는다. 숙제를 하지 않아도 선생님이 그냥 화만 내는 것으로 끝난다면, 아이는 별로 큰 문제가 아니라고 생각할지도 모른다.

결국 주위의 어른들만 곤란해 할 뿐 아이 자신은 특별히 곤란한 경험을 하고 있지 않은 것이다. 중요한 것은 아이 스스로가 "아, 이렇게 해서는 안 되는구나"라고 느껴야만 한다. 그런 시도를 하지 않으면, 아무리 "잘못했어요"라고 잘못을 빌고 반성을 하게 해봤자 아무 소용이 없다. 반성만으로 끝난다면 얼마든지 같은 실패를 반복할 것이다.

미안합니다라는 말보다
책임을 지는 방식을 가르쳐라

실패를 한 결과, 남에게 폐를 끼치게 되는 경우가 있다.

성적이 떨어지는 것은 자신의 문제일 뿐 타인에게 폐를 끼치지는 않는다. 그러나 형의 게임기를 갖고 놀다가 망가뜨리면 그것은 폐를 끼치는 일이 된다.

그럴 때 부모는 이런 식의 말을 자주 한다.

"그렇게 고장 내면 어떡하니? 어서 형에게 미안하다고 말해!"

아이도 자신이 큰 실패를 했다고 생각한다. 그런데 부모가 무시무시한 얼굴로 화를 내고 흥분한 어조로 소리를 지른다면, 그것에 깜짝 놀라서 자기도 모르게 반사적으로 "잘못했어요"라고 빌 것이다. 물론 솔직하게 미안하다는 말을 하는 것은 중요하다. 하지만 미안하다는 말로 다 된다고 생각하게 해서는 안 된다.

우리는 종종 공원이나 전철 안에서 어머니에게 필사적으로 "잘

못했어요"라고 말하며 우는 아이를 본다. 아마도 어머니가 무서운 얼굴을 보였기 때문에, 반사적으로 "잘못했어요"라고 말하고 있는 것이리라. 이런 아이는 상대방이 화를 내는 이유조차 알지 못하고, 일단은 용서를 받고 싶어서 "잘못했어요"라는 말을 되풀이하고 있을 뿐이다. 아무리 어머니가 무서운 표정을 지어도 아이는 자신이 무엇을 잘못했는지 도무지 알 수가 없다. 그래서 다음에도 같은 실패를 하게 되면 "잘못했어요"라는 말을 반사적으로 하게 된다.

누군가에게 폐를 끼쳤을 때는 그 책임을 져야 한다. 책임을 진다는 것을 위의 예를 들어 설명한다면 새 게임기를 사주는 것으로 볼 수 있다. 하지만 이런 일은 어린 아이에게는 무리다. 따라서 아이들은 '같은 실패를 반복하지 않는 방법을 스스로 생각하는' 일이 중요하다.

어른들 중에도 큰 실패를 저질러놓고서 무릎을 꿇고 빌기만 하면 된다고 생각하는 사람이 있다. 이런 어른은 "잘못했어요"라고 말하며 우는 어린아이나 마찬가지다. 자신이 한 실패를 충분히 인정하고, 배상할 수 있는 부분은 배상하면서 동시에 '앞으로 어떻게 해야 할까?' 하고 고민하며 그것을 행동으로 보이는 일이 필요하다. 그것이야말로 책임을 진다는 것이다.

옛날에는 사소한 실패에도 큰 형벌을 받았다. 하지만 지금은 각자가 행한 실패에 대해 '각자의 책임'을 묻는 사회로 변하고 있다. 그러므로 부모는 아이에게 책임을 지는 방법을 제대로 가르쳐 줄 필요가 있다.

실패는 나쁜 것이라는 착각을 버리자

이 책을 읽고 있는 여러분 중에는 아마도 '실패는 나쁜 것' 이라고 배우면서 자란 세대가 많을지도 모르겠다.

얼마 전까지만 해도 핵가족화가 진행되면서 자녀교육은 '어머니 한 사람의 책임', 즉 아이의 실패는 '어머니 자녀교육 방식의 실패'로 취급해 버렸다.

요즘에는 자녀를 한두 명 정도만 낳아서 기르는 가정이 많다. 자녀의 수가 줄어들면서 어머니들은 자식 교육에 더욱 열심히 매달렸다. 더 좋은 성적을 올리게 하고, 더 나은 학교, 더 좋은 결혼을 시키기 위해서 어머니들은 아이가 걸어갈 길을 미리 닦는 일에 열심이었다. 즉 '준비해놓은 길을 걸으면 실패하지 않을 것' 이라고 생각한 것이다. 더구나 지금은 그 부모세대가 자식들에게 "더 좋은 어머니가 되어서, 좋은 아이를 키워라" 하고 부담을 주고 있는지도 모른다.

요즘 어머니들은 예전 어머니 세대보다 더더욱 고립되기 쉬운 환경에 있다.

아이는 본래 지역과 사회 속에서 성장해야 하는 법이다. 그런데 요즘은 지역 공동체와의 연결도 별로 없고, 의지할 수 있는 이웃사람이나 친척과의 유대도 희미해지고 있다. 그러다보니 자녀교육이 어머니 한 사람만의 책임이 되어버리는 것이다. 그래서 어머니들 중에는 실패해서는 안 된다며, 필사적으로 자녀교육에 매달리거나 실패를 숨겨야 한다는 강박관념에 시달리다 못해, 심할 경우는 학대로까지 연결되고 만다.

실제로 자녀교육은 작은 실패의 연속이다. 처음부터 자녀교육을 잘 하는 부모는 없다. 부모도 실패를 통해서 배워나가면 되는 것이다. "엄마도 실패하고 말았네"라고 아이에게 자연스레 말하며, 그럴 때 어떻게 대처하는 것이 좋은지 자신의 모습을 아이에게 보여 주라.

아이가 실패했을 때 '내 자녀교육 방법이 잘못된 것이다' 라고 생각할 필요는 없다. 반복해서 말하지만 아이는 실패에서 배워나가기 때문에 크고 작은 실패에 여러 번 직면한다. 그러한 실패를 경험하고서 스스로 행동할 수 있게 되고 자립해 나가는 것이다.

어머니 스스로 실패에 대한 잘못된 착각에서 탈피하라.

아이를 믿고 지켜보면서, 간혹 아이가 실패를 하고 부모의 도움이 필요할 때는 지탱해줄 수 있는 그런 부모가 되기를 바란다. 다음 장부터는 그 방법에 대해서 가능한 한 많은 예를 들어보기로 하겠다. 부디 여러분에게 큰 도움이 되었으면 한다.

: 그건 **안 돼라고 금지하기보다** 어떻게 할까에 대해서 함께 생각하라

: 자기도 모르게 한 **실수는 주의를 주지 마라.** 대신 실수를 줄이는 방법을 같이 생각하라

: 억지로 사과를 시키지 말고, **아이 스스로 사과할 수 있도록** 도와준다

: 약속을 잘 지키지 못하는 아이에게는 **벌 보다 규칙을 준다**

: **애완동물의 죽음은** 아이의 잘못을 탓하기보다, 죽음을 아는 귀중한 경험으로 삼자

: 전철에서 떠드는 **아이에게는 야단치기보다,** 타인에게 끼치는 폐에 대해서 깨닫게 하라

: 엄마, 아빠가 도와주었으면 좋겠다고 생각하는 일도 **아이 자신에게 결정하게 한다**

02

그저 야단치기 보다는 다음 단계로 이어지는 방식을 가르쳐라

아이가 실패해서 풀이 죽어있을 때야말로 부모의 도움이 필요하다. 부모가 아이를 야단치는 것도 방치해 버리는 것도 다 아이의 실패에 동요해서 실망했기 때문이리라. 하지만 조금 더 넓게 시야를 갖고, 이런 기회를 효과적으로 활용하자. 아이가 실망해서 갑자기 기운을 잃고 있을 때, 일단 "실패했네"라고 말을 걸어준다. 즉 실패를 "있어서는 안 되는 일"로 삼지 말고, 있는 그대로 인정해 주는 것이다. "유감이구나", "풀이 죽어있구나" 등 아이의 마음을 인정해 준다.

“이렇게 하면 된다”고 일방적으로 부모가 정해버리거나, 일이 잘 풀리면
“다 부모가 시키는 대로 했기 때문”이라고 말한다면 결코 아이의 힘이 되지 못한다.
나중에 일이 잘 풀리지 않으면 “엄마가 시키는 대로 이렇게 한 건 데”라고
어머니를 탓하게 된다.

그건 안 돼라고 금지하기보다
어떻게 할까에 대해서 함께 생각하라

　대부분의 어른들은 어린 시절에 공을 던지며 놀다가 이웃집 유리 창을 깨는 일이 빈번히 있었을 것이다. 그러나 최근에는 그런 장면을 보기 힘들어졌다. 유리가 튼튼해졌거나 공을 던지고 놀 만한 넓은 장소가 줄어든 것도 이유 중 하나겠지만, 부모가 "여기서 공을 던지면 어떡하니! 유리창 깨지면 어쩌려고!" 하며 사전에 막고 있는 것이 가장 큰 이유가 아닐까?

　그렇다고 꼭 유리를 깨면서 놀게 하라고 권유하는 것은 아니다. 하지만 "이것은 안 돼", "저것도 안 돼"라는 금지사항이 늘어나면 아이는 자연스레 밖에서 놀지 않게 된다. 열중해서 놀다보면 자기도 모르게 실패를 하게 되는 놀이가 바로 이 공놀이이기 때문이다. 이때 처음에 필요한 것이 바로 '원상회복'이다.

　다시 말하면 더 이상 심각한 상황으로 커지지 않도록 긴급대처를 한다. 예를 들어 집 안에서 공을 던져 유리가 깨졌다면 "이런 곳에서 공을 던지면 어떡해!" 하며 야단을 치기 전에 먼저 유리를 치워야 한다. 여기저기에 깨진 유리조각이 널려있다면 위험하기 때문이다.

교통사고가 일어났을 때도 다친 사람이 피를 흘리고 있는데 그 옆에서, "어느 쪽이 잘못했습니까?"라고 잘잘못을 먼저 따지지는 않는다. 그런 일은 뒤로 미루고 우선 구급차를 부를 것이다.

유리를 다 치우면 "유리를 깼구나. 저런, 실패를 했네"라고 아이에게 확인을 하자. 이때 무서운 얼굴을 보일 필요는 없다. 아이는 이미 유리가 깨져서 깜짝 놀란 상태다. 부모가 야단을 치지 않아도 '내가 잘못했구나' 라고 느끼고 있을 것이다.

그런 만큼 "어떻게 해야 앞으로는 유리를 깨지 않고 잘 놀 수 있을까?" 하고 묻는 것이 가장 좋다.

어린 아이일수록 단순한 대답을 하기 마련이다.

그래서 "앞으로는 공 가지고 놀지 않을게요"라고 대답할 수도 있다. 하지만 공을 갖고 노는 것은 나쁜 일이 아니다. 실패하지 않으려고 더 이상 하지 않는다는 것은 긍정적인 해결방법이라고 말할 수 없다.

"공을 갖고 놀지 말라는 것이 아니란다. 엄마는 공을 가지고 노는 것은 좋다고 생각해. 하지만 어떻게 해야 유리창을 깨지 않고 놀 수 있을까?"

이런 식으로 물어보는 것이 좋다. 아이가 잘 생각해내지 못하면,

"이렇게 해보면 어떨까?", "아니면 이런 방법도 있는데"라고 조금 씩 힌트를 주자.

예를 들어 창문 쪽을 향해서 던지지 말고 창문과 평행으로 던진 다든지, 부드러운 공을 사용하거나 혹은 집 안에서 노는 것이 아니라 밖에서 노는 방법도 있을 것이다. 또 길에서 놀면 다른 집 유리창을 깰지도 모르기 때문에 공원에서 노는 방법 등 생각해 보면 해결책은 많다.

대부분의 어머니는 "다음부턴 이렇게 해"라고 아예 처음부터 아이에게 답을 주기 쉽지만, 복수의 선택사항을 생각한 후에 아이 스스로 고르게 하는 것이 중요하다.

"어떤 게 좋다고 생각하니?"라는 질문에 "이렇게 할래요"라고 아이가 직접 결정했다면, "네 스스로 결정했구나" 하고 아이의 의견을 인정해 주자.

마지막으로 실패한 책임은 스스로 지지 않으면 안 된다.

실패했을 경우 책임을 지는 방식에는 어떤 것이 있을까?

예를 들면 아버지에게 보고를 하는 방법도 있다. 아이 스스로 말할 수 있다면 더욱 좋다.

"공으로 놀다가 유리창을 깼어요. 다음부터는 깨지 않도록 ○○하겠어요."

그러나 아이가 주저하는 듯하면 "엄마가 옆에 있어 줄까?" 하고 물어보는 것도 괜찮다.

만약 아이가 다른 집 유리창을 깼다면 부모가 당장 변상하러 가고 싶겠지만, 그 전에 아이가 책임을 질 필요가 있다.

"그 댁에 폐를 끼쳤구나. '창문을 깨서 죄송합니다'라고 말하러 갈 수 있겠니?"라고 아이에게 먼저 물어보자. 아이 혼자 갈 수 있다고 대답하면 일단 혼자 가게 한다.

혼자서 가지 못하겠다고 말하면 "그럼 엄마도 같이 가 줄까?"라고 도움을 준다.

이때는 "하지만 사과는 엄마가 하는 게 아니야. 네가 해야 한다"라고 확실히 해 두는 것이 좋다.

가져가야 할 물건을 잘 챙기지 못하는 습관을 고치게 하려면 부모가 대신 해 주지 말아야 한다

아이가 집에 뭔가를 놓고 학교에 그냥 가버리면 "이런, 오늘 이게 없으면 곤란할 텐데!"라고 서둘러서 학교에 갖다 주는 어머니가 있다.

또 이런 어머니도 있다. 아이의 책가방 속을 매일 체크하면서 혹시 챙기지 못한 물건은 없는지 미리 완벽하게 준비해 주는 그런 어머니. 아이가 저학년이라면 괜찮지만, 심지어 6학년이 된 후에도 어머니가 대신 해 주는 경우가 많다.

그렇다면 학교에서는 어떨까? 집에 중요한 것을 놓고 오면 선생님은 아이를 혼내면서도 대체로 "옆 친구에게 보여 달라고 해라", "누가 좀 빌려 줘라"라며 해결책을 제시해 준다. 즉 선생님이 아이가 해야 할 일을 대신 해 주는 것이다.

결국 어른들이 도와주면 아이는 곤란한 상황을 경험하지 않아도 된다. 선생님과 어머니가 화를 내도, 그 순간만 잘 넘기면 어떻게든 주위에서 해결해 주기 때문이다.

가져가야 할 물건을 잘 챙기지 못하는 아이는 야단을 맞는 데 익숙해져버린다. 오히려 스스로 누군가에게 "좀 빌려줘"라고 부탁해야 하거나 미술재료가 없어서 곤란해 하는 편이 '아, 이렇게 안 갖고 오면 큰일이구나' 하고 실감할 수 있다.

물건을 잘 챙기는 습관을 키우게 하려면 일단 아이 스스로 곤란한 상황을 경험하는 것이 중요하다. 선생님의 방침이 어찌 되었든 간에 적어도 가정에서는 아이가 한 실패의 뒤처리를 해 주는 것을 그만 두라.

만약 "ㅇㅇ를 안 갖고 가서 또 선생님께 야단을 맞았다"라는 이야기를 들으면, "왜 잊었니?" 하고 야단치기보다 "야단을 맞았다면 책임을 지지 않으면 안 되지. 책임을 진다는 건 앞으로 물건을 잊어버리지 말고 꼭 챙기는 방법을 네 스스로 생각해보는 거야' 라고 말해 주면 어떨까.

"정말 너는 어떻게 된 게 날마다 하나씩 빠뜨리고 가니?"라고 야단만 치다 보면, 아이 자신도 "원래 난 물건을 잘 챙기지 못하는 아이야"라고 굳게 믿어버려서, 그런 자신을 바꿀 수 없게 된다.

"어떻게 하면 잊지 않고 챙길 수 있는지"를 스스로 생각하는 것이 중요하다. 반드시 수첩에 쓴다거나 아니면 친구 연락노트와 비교를 한다거나, 필요한 물건은 반드시 전날 자기 전에 준비하는 등 여러 가지 방법이 있다. 아이가 곤란한 상황에 빠지는 때일수록 자기 나름대로 '물건을 잊어버리지 않고 잘 챙기는 대책' 을 생각하고 결정할 수 있는 좋은 기회가 된다.

물건을 잃어버릴 때마다 사주면 아이는 결국 스스로 해결하는 힘을 잃어버린다

"우리 아이는 꼭 뭔가 빠뜨리고 학교에 가요."

이 말과 함께 자주 듣게 되는 고민이 바로 "물건을 잘 잃어버린다"는 의견이다.

아이가 물건을 잃어버렸을 때, 혹시 "왜 잃어버렸어? 새로 사준 지 얼마 안 됐잖아!"라고 야단을 치면서도 또 새로 사주고 있지는 않은가.

물건을 잃어버려서 아무리 야단을 맞아도, 어차피 부모가 다 알아서 사준다고 생각한다면 아이는 결코 곤란한 일을 겪지 않아도 된다. 어머니가 화를 내는 동안만 참고 있으면 되기 때문이다.

물건을 사주지 말라고 하는 것이 아니다. 물건을 잃어버리면 무조건 사주는 것이 좋지 않다고 말하는 것이다.

"자를 잃어버렸니? 안 됐구나."

이렇게만 말하고, 한동안 상황을 지켜보면 어떨까? 자가 없으면 곤란한 것은 아이일 테니까, 굳이 어머니가 화를 낼 필요는 없다.

"자가 없으면 선생님께 야단맞아요."

"저런, 그럼 어떻게 할래?"

그 해결책은 어디까지나 아이 스스로 생각하게 한다.

"사주세요. 내일 써야 된단 말이에요."

"하지만 말이다. 잃어버릴 때마다 새로 산다면 돈이 아깝잖니. 그밖에 또 할 수 있는 일은 없을까?"

"……다시 한 번 찾아볼게요."

"그럼 엄마도 같이 찾아줄까?"

이렇게 해서 찾아도 없을지 모른다.

"부탁이니까 좀 사주세요."

그러면 아이가 다시 부탁해 올 것이다.

충분히 찾은 후에 아이가 직접 사달라는 부탁을 한다면 그때 사줄 수도 있고, 아니면 "혹시 학교에 놔두고 왔을지도 모르니 내일 다시 한 번 찾아보면 어떨까?"라고 말할 수도 있다.

하루나 이틀 정도, 자 없이 참아보게 하는 것도 좋다.

학교에서도 선생님에게 "자가 없어요"라고 말하면서 멍하니 기다리지만 말고, 자기가 먼저 친구에게 "자 좀 빌려줘"라고 말하면 되는 것이다.

사줄 때는 다시는 잃어버리지 않도록 그냥 약속만 하는 것이 아니라, 어떻게 하면 잃어버리지 않고 사용할 수 있는지 아이 스스로 방법을 생각해 보게 하자.

아무리 약속을 해도 잃어버리는 물건은 있게 마련이지만, 평소에 책상 안을 잘 정리한다든지, 반과 이름을 써 두거나 자나 지우개, 연필 등 학용품은 항상 정해진 봉지 안에 넣어두는 등의 아이디어를 조금만 생각해낸다면 효과가 있을 것이다.

자기도 모르게 한 실수는 주의를 주지 마라
대신 실수를 줄이는 방법을 같이 생각하라

아이의 시험 답안지를 보면서 '얘가 자기도 모르게 실수를 했네. 정말 아깝구나' 하고 생각한 경험은 없는가. 계산을 틀리거나 답을 잘못 썼거나 혹은 단위를 잘못 쓰고, 문제를 잘못 이해하는 등의 사소한 실수 말이다. 그렇다면 어떻게 해야 이런 실수를 되풀이하지 않고, 다음부터 주의해서 답을 쓸 수 있게 될까?

"아깝잖아! 다음부터는 조심해."

이런 식의 주의를 받아도 자기도 모르게 하는 실수는 또 발생하기 마련이다. 다른 방식을 생각하지 않는 한, 똑같은 실수를 반복하게 될 것이다.

"어떻게 해야 실수를 줄일 수 있을지 네 스스로 충분히 생각해 보렴!"

무서운 얼굴로 아이를 재촉하는 것은 효과적이지 않다. 야단을 맞으면, 머리가 굳어져서 생각할 수 없게 되기 때문이다.

아이 스스로 실수를 줄이고 싶다고 생각하는지 어떤지가 중요하다.

"이번엔 70점이었구나. 실수만 없었으면 90점 땄을지도 모르는데, 아쉽네."

이런 식으로 미소를 지으면서 말해 보면 어떨까?

아이 스스로 '90점 딸 수 있었는데, 진짜 아깝다'는 생각을 하고, 그 실수를 줄이는 대책을 세우려고 한다면 실패는 좋은 기회로 전환된다.

어떻게 하면 실수를 줄일 수 있을지 아이와 함께 생각해 보자.

예를 들면 그 방법에는 다음과 같은 것들이 있다. 서두르지 말고 천천히 계산한다. 문제를 잘 읽는다. 마지막에 반드시 검토를 한다. 집에서 연습문제를 자주 풀면서 실수를 줄이는 연습을 한다.

이런저런 안을 내보면서 아이 스스로 '앞으로는 이렇게 해야지'라고 정하는 일이 중요하다. 만약 그렇게 해서 잘 풀리지 않을 때는 다른 방법을 시도하면 된다.

어머니에게 잔소리를 듣고 어쩔 수 없이 하기보다 자기 스스로 나서서 방침을 세우는 편이 그 성과도 훨씬 더 크다.

억지로 사과를 시키지 말고, 아이
스스로 사과할 수 있도록 도와준다

형이 크리스마스 때 선물로 받은 게임기를 동생이 만지작거리다 망가뜨리고 말았다.

이때 가장 나쁜 대응의 전형은 다음과 같다.

"그럼 못 써!"라고 어머니가 야단을 치자 동생은 어머니에게 "잘못했어요"라고 빈다. 그러자 어머니는 형에게 "게임기가 망가졌단다. 동생이 망가뜨렸지만, 일부러 한 게 아니니 용서해 주렴……"이라고 말한다.

하지만 용서를 해 주는 것에 앞서 남동생은 자신의 행동에 책임을 져야 한다. 망가뜨린 일이 옳다 나쁘다 따지는 것이 아니라, 어떤 식으로 책임을 지는가가 중요하다. 이럴 때는 동생에게 다음과 같이 묻는 것이 좋다.

"형이 소중히 하는 게임기가 망가졌구나. 형에게 뭐라고 말할래?"

동생이 어떻게 해야 좋을지 모른다고 한다면, 솔직하게 미안하다는 말을 할 수 있도록 어머니가 도와주어야 한다.

형이 화낼까 봐 무서워서 못 하겠다고 하면 "엄마가 옆에 있어줄까? 하지만 미안하다는 말은 네가 해야 돼"라고 말하는 것이 좋다. 본인이 미안하다는 말을 할 수 있도록 협력하는 것이다.

형은 "왜 망가뜨린 거야! 너, 두 번 다시 내 물건 만지지 마!"라고 마구 화낼지도 모른다. 그렇다고 동생이 불쌍한 마음에 엄마가 다음과 같이 말하면 안 된다.

"동생이 사과했는데 그런 말을 하면 어떡해? 일부러 한 게 아니잖아! 넌 형이니까, 동생에게 좀더 상냥하게 대해야지."

이런 식으로 동생 편에 서서 야단치지 마라. 애써 사과할 용기를 낸 동생의 편에 서고 싶겠지만 형도 소중한 것이 망가져서 지금 마음이 너무 슬프다.

형제란 어느 쪽이 어머니의 관심을 더 받는지 항상 경쟁하고 있다. 어머니가 동생 편만 든다고 생각하면, 형은 분해서 한층 더 "잘못한 건 동생이잖아. 짜증나"라고 거칠게 말을 하거나 나중에 동생에게 분풀이를 할지 모른다. 그러므로 "그런 말을 하면 동생이 상처를 입을지도 모르잖니"라는 말 정도로 해두는 것이 좋다.

다음은 쌍방이 자신의 마음을 말할 수 있도록 '사회' 역을 맡거나 또는 어머니가 그 자리를 떠나는 것도 좋은 방법이다. 뜻밖에도 어머니가 없어지면 형제간의 싸움이 진정되는 경우도 많다.

사회 역을 맡는다면 아이들이 서로 자신의 마음을 말할 수 있게

도와주고, 그 다음 '앞으로 어떻게 할지'에 대해서 결론이 나오도
록 이야기의 행방을 지켜보도록 하자.

이때 '형의 물건을 두 번 다시 만지지 않는다'로 결말을 내는 것
이 아니라 앞으로는 형에게 물어본 후에 게임기를 사용한다든지,
교대로 사용한다는 규칙을 정하거나 혹은 게임기를 고칠 수 있는
지 아버지에게 물어보는 등 긍정적인 방법을 생각할 수 있도록 도
와주자.

아이가 누군가를 도우려고 한 일이
실패해도 화를 내서는 안 된다

유치원생이나 초등학생은 대개 어머니를 돕고 싶어 한다.

그러나 실제로는 아직 미숙하기 때문에 어머니를 도와주기보다는 오히려 시간도 더 걸리게 만들고, 손도 더 가게 만드는 경우가 많다.

어머니의 식사 준비를 도와주려던 아이가 손이 미끄러지면서 그릇을 깬 적은 없는가.

그때 "뭐하는 거야! 누가 너더러 도와달라고 했어? 넌 들어가서 공부나 해"라고 말하는 것은 너무 심하다.

아이는 어머니에게 도움이 되려고 시작한 일인데 예상치 못하게 그릇이 깨지고 말았다는 그 사실만으로도 이미 충격을 받은 상태다. 그런데 엎친 데 덮친 격으로 어머니에게 야단을 맞고 말았다.

이런 때는 일단 "이런, 그릇이 깨져버렸구나"라고 말해 주자.

그리고 먼저 아이가 다치지 않도록 깨진 파편을 치우는 일이 중요하다. 연령에 따라서는 치우는 것을 일부 돕게 하는 것도 좋다.

"아깝게 그릇은 깨졌지만, 깨끗하게 치웠네"라고 한 마디 칭찬해 줄 수도 있다.

그 다음은 한시라도 빨리 식사를 하고 싶은 마음이 간절하겠지만, "이젠 됐으니까 그냥 앉아 있어"라고 말하기보다 이 기회에 그릇을 떨어뜨리지 않고 잘 운반하는 방식을 가르쳐주자.

"이렇게 양손으로 여길 잡는 거야", "이 아래를 꼭 잡는 거야"라며 실제로 시범을 보여주면서 설명한다.

그리고 "그럼 이 접시를 그쪽에다 놔줄래?"라고 다시 한 번 부탁하면서, "이번에는 떨어뜨리지 않고 잘 했구나"라고 칭찬하는 데서 끝내는 것이 가장 좋다.

그렇게 하면 아이는 "다음부터는 더 조심해서 엄마를 도와줘야지" 하고 의욕이 생긴다. 그냥 그릇이 깨지는 것으로 그 상황이 끝나버린다면 아이는 두 번 다시 돕고 싶다는 마음이 들지 않을 것이다.

어머니를 도와주는 일은 '타인에게 도움이 되는 일'을 배울 수 있는 좋은 경험이 된다.

그런 만큼 "엄마를 도와주다니 착한 아이구나"라는 칭찬보다 "도와줘서 기쁘구나", "네가 도와줘서 정말 큰 도움이 됐단다"라고 말하라.

'착한 아이'라는 칭찬을 받고 싶어서 하는 행동이 아니라, '이 일을 도와주면 누군가가 기뻐하고, 누군가에게 도움이 되기 때문에 스스로 행동하는 것이다'라고 생각하는 것이 중요하다.

심부름을 잘 하지 못해도
반드시 고마워하라

어느 방송사의 인기 프로그램 중 아이들이 처음으로 심부름을 가는 모습을 몰래 카메라로 찍는 것이 있었다. 그 방송을 보면 정말 가슴이 두근두근 한다. 집에서 기다리고 있는 어머니도, 아이가 무사히 돌아오면 안심하고 자랑스러워한다.

어린 아이에게 심부름을 부탁하는 것은, 실제로 도움이 되어 주기를 바라는 마음보다는 새로운 일에 도전시키려는 어머니의 마음 때문이다. 초등학교 고학년 정도가 되면, 아이는 어머니에게 꽤 큰 도움이 된다. 그래서 어머니도 "시간이 없어서 그런데 대신 가서 좀 사다주지 않겠니?"라고 부탁하는 경우가 많아진다.

한 어머니가 오늘은 카레라이스를 만들려고 생각했다. 그래서 당근, 양파, 감자, 쇠고기…… 등 메모지에 필요한 것을 써서 아이에게 사다달라고 부탁하며 건넸다.

그런데 아이는 정작 중요한 쇠고기를 사는 것을 잊었다.

"왜 잊었어?"

"다시 한 번 갔다 와. 이번에는 제대로 사와야 한다. 저녁식사가 늦어지겠네. 어서 서둘러!"

이런 식으로 말하고 싶겠지만 아이 스스로 어머니를 도우려고 생각해서 해 준 일이다. 안 사왔다고 해서 야단을 치거나, "다시 한 번 갔다 와"라고 명령해서는 안 된다. 아이가 도와준 일에 결과만 요구한다면 결국 아이는 점점 어머니를 도와주고 싶은 마음이 들지 않을 것이다.

"고기는 잊었지만, 다른 것은 제대로 다 사왔네. 큰 도움이 됐어, 고마워"라고 당연히 아이에게 감사를 표시해야 한다.

그런 후에 아이에게 이렇게 물어보는 일도 가능하다.

"고기가 없는 카레는 조금 맛이 없잖니. 그럼 소시지라도 넣을까?"

"엄마가 서둘러서 사올까? 아니면 네가 다시 한 번 갔다 올 수 있겠니?"

아이가 "귀찮아서 가기 싫어요"라고 말을 한다면 거기까지다.

단, "사다 주면 천 원 줄께"라고 아르바이트로써 부탁하는 경우는 이야기가 달라진다. 이때는 부탁한 일을 다 끝내지 않은 상태이기 때문에 보수는 지불할 수 없다.

"사다 주어서 도움은 되었다만, 고기가 빠졌으니까 돈은 줄 수 없구나."

"다시 한 번 가서 고기를 사오면 돈을 줄 수 있는데"라고 물어 본다. 그래도 아이가 갈 마음이 없으면 "그럼 돈은 줄 수 없지만, 사다 줘서 고맙구나"라고 말을 한다.

물론 아이는 유감스러워할 것이다.

또 이렇게 질문하는 것도 좋은 방법이다.

"다음에는 잊지 않았으면 좋겠구나. 어떻게 하면 잊지 않을까?"

약속을 잘 지키지 못하는
아이에게는 벌 보다 규칙을 준다

"5시 반까지 돌아와야 한다"라고 아이와 약속했는데, 그 시간을 지키지 않아서 몇 번이나 야단을 맞는 아이가 있다. 이런 일이 반복되다 보면 어머니는 아이가 왜 약속을 지키지 못하는지 짜증이 날 것이다.

어머니들 중에는 화가 나서 "난 너 같은 아이는 모른다! 밖에서 반성해!"라고 말하며 집에서 쫓아내 버리는 사람도 있다.

이렇게 되면 아이는 어머니에게 거부당하는 것이 무엇보다도 무섭기 때문에, 다음부터 시간을 지키려고 열심히 노력할지도 모른다. 그러나 약속을 지키는 소중함을 배우지는 못한다. 충격과 공포 때문에 어머니가 시키는 대로 하고 있을 뿐이다.

그러므로 이처럼 일방적으로 벌을 주는 것은 그다지 좋다고 말할 수 없다. 만약 벌을 준다면 "다음에도 또 늦게 돌아오면 간식을 안

줄 거야. 알았지?", "약속을 어기면 그 다음 날은 놀러 가지 못하는 것으로 할게. 그럼 괜찮지?" 이렇게 아이와 이야기를 나누고, 서로가 이해한 다음에 규칙을 정해야 한다.

시간에 늦거나 또는 약속시간을 지키지 못할 때는 "사과하라"고 말할 수도 있지만, 이런 말을 들은 아이는 자신이 약속을 지키지 않았을 때 사과만 하면 다 된다고 생각해서 무조건 어머니의 얼굴만 보고 "죄송합니다!"라며 방으로 들어갈지도 모른다.

사과하는 것은 중요한 일이지만, 그것으로만 끝나버린다면 아이는 약속을 깰 때마다 그냥 사과만 하면 다 된다고 생각해서, 결코 약속을 지키는 것에 대한 중요성을 자각하지 못한다.

어떻게 하면 좋을까?

일단 "우리 아이는 항상 약속을 지키지 못해!"라고 신경질적으로 받아들이지 마라. 어른들도 시간에 늦는 일이 자주 있지 않은가.

그래도 약속한 시간에 자주 늦어 버리는 것은 곤란하다.

약속시간에 늦지 않는 습관을 키우고 싶다면 두 가지 일이 필요하다.

한 가지는 곤란해 하는 어머니의 마음을 전하는 일이다.

"네가 늦어서 걱정했어", "네가 언제 올지 몰라서 저녁 식사 준비도 못 하고 엄마는 참 곤란했단다"라고 말해 주는 것이다.

그리고 또 한 가지 중요한 것은, 어떻게 하면 늦지 않을 수 있는지 아이와 함께 생각하는 일이다.

동네에 따라서는 저녁 5시나 6시가 되면 음악이 흐르기도 한다. 그 음악이 들리면 곧바로 집에 돌아오도록 한다든지, 친구 집에 놀러갔

을 때도 친구 어머니에게 "시간이 되면 가르쳐 주세요"라고 부탁을
해 둔다. 나이에 따라서는 시계를 차게 할 수도 있고, 여러 가지 방
법이 있다.

아이가 못 하는 일에 대한 좋은 해결책을 찾지 못하는 한, 아무리
주의를 주고, 야단을 쳐도 소용없다. 야단치지 말고, 어떻게 하면
가능한지를 함께 생각해 주는 것이 부모의 역할이다.

전에는 30분이나 늦어서 돌아왔는데 오늘은 10분만 늦었다면, 그
만큼을 칭찬해 주어야 한다.

"전보다 일찍 돌아왔구나. 계속 그렇게 정해진 시간 안에 돌아오
면 좋겠는데"라고 아이의 변화를 인정해 주자. 또 아이가 시간을
지킬 수 있었다면, "시간을 잘 지켜주었구나. 엄마는 참 기쁘단다"
라고 말해 주자.

애완동물의 죽음은 아이의 잘못을 탓하기보다, 죽음을 아는 귀중한 경험으로 삼자

아이가 새를 키우고 싶다고 하자 부모는 "네가 제대로 새를 돌본다면 사주마"라는 조건을 걸고 새를 사주었다. 하지만 새장 청소와 같은 일은 아직 아이에게는 어렵다. 그래서 부모는 잠자기 전에 반드시 새장에 이불을 덮어주는 간단한 역할을 아이에게 맡겼다. 겨울에는 새장이 있는 방의 난방을 끄면 꽤 춥기 때문이다.

그런데 어느 날 밤, 아이는 이불을 덮어주는 것을 깜빡 잊어버렸다. 다음 날 아침, 새장 속의 새는 차가운 몸으로 죽어 있었다. 아이는 울면서 슬퍼했다.

아이가 너무 슬퍼하는 바람에 어머니는 속으로 '내가 더 조심했어야 했는데……'라고 생각했다. 하지만 원래 이불을 덮는 일은 아이의 몫이다.

그래서 "네가 이불을 덮어주는 것을 잊어서 새가 죽었잖아. 그렇

게 울 거였으면 처음부터 새를 키우지 않는 게 나을 뻔했구나"라고
말해 버렸다.

아이는 충분히 자신이 잘못했다는 것을 알고 있다. 그래서 슬프
고 분해서 울고 있는 것이리라. 이런 상황에서는 "차라리 키우지
않았으면 좋았다"라는 말은 오히려 아이에게 상처를 준다.

아이 스스로 돕고 싶어 한 의지와 그때까지 새를 돌보는 일을 분
담해 온 아이의 노력이 불필요한 것이 되어 버리기 때문이다.

아이가 울고 있는 동안은 약간 흥분한 상태이기 때문에 그냥 놔
두고, 어느 정도 울음이 가라앉으면 말을 걸도록 하라.

"정말로 유감이야. 역시 추운 곳에 놔두었더니 그렇게 되었구
나."

"무덤을 만들어서 묻어 주자."

요즘 아이들은 '죽음'을 가까이에서 체험하는 일이 거의 없다.
보통 병원에서 숨을 거두고, 할아버지와 할머니의 죽음도 "먼 곳에
가셨단다", "천국에 가셨단다"와 같은 말로 설명하는 부모가 많기
때문이다.

하지만 모든 생물은 언젠가는 죽는다. 서바이벌 게임과 달라서,
한번 죽으면 다시 살아날 수는 없다. 애완동물이 죽었을 때는 그 사
실을 제대로 아이가 체험할 수 있도록 해 주는 일이 중요하다.

"함께 무덤을 만들어줄까?"라는 질문에 아이가 "네"라고 대답하
면 같이 만들자.

"네가 무덤을 만들어 주어서 새도 안심하고 천국에 갔을 거야"라

고 아이가 해낸 일에 대해서 인정해 주자.

그리고 기회를 보아, "다음에 또 새를 키우게 된다면 어떻게 해야 잊지 않고 잘 돌봐줄 수 있을까?"라고 물어보자.

"작은 새 그림을 그려서, 침대 옆에 붙여두면 돼요."

이런 식으로 아이들은 자기 나름대로 좋은 방법을 생각해낼지도 모른다.

"그래, 그렇게 하면 잊지 않고 제대로 돌볼 수 있을 것 같구나"라고 대답해 주자.

'난 원래 잘 잊어버리기 때문에 잘 하지 못해'라는 생각을 아이가 갖지 않도록 하라. '이런 식으로 한다면 다음에는 반드시 할 수 있을 거야'라는 생각을 갖는 일이 중요하다.

생물을 괴롭히는 일을 통해
상대의 아픔을 아는 아이가 된다

어린 아이들은 개미를 발로 밟거나, 나비의 날개를 꺾으면서 노는 일이 종종 있다. 어머니가 보면 잔혹한 놀이라고 생각할지도 모르지만, 사실 훨씬 더 잔혹한 것은 어른들이다. 실험을 위해서 개나 쥐 등을 죽이거나, 애완동물을 버리는 사람도 많다. 그래서 주인이 없는 동물은 약물로 살해를 당하거나, 조류독감이 만연하게 되면 몇 만 마리의 닭들이 한꺼번에 몰살을 당하기도 한다.

물론 개미를 발로 밟는 행동이 좋다고 말하는 것이 아니다. 그런 때는 "그건 나쁜 일이야"라고 야단을 치는 것이 아니라, 그 행동을 통해서 무언가를 배울 수 있게 하라.

"개미도 살아 있는 동물이야. 만약 네가 공룡에게 발로 밟힌다면 어떻게 되겠니?"

이런 식으로 말을 해 보자.

이는 비단 인간과 동물과의 비교에서만 알 수 있는 것이 아니다. 우리 사회를 예로 들어 보면 많은 사람들이 사치스러운 생활을 유지하고 있지만, 아프리카 오지의 어떤 나라에서는 굶어 죽는 아이가 많다.

"유감스럽지만, 아직도 그렇게 굶어죽는 사람들도 있단다. 네가 어른이 되면 그런 사람이 조금이라도 줄어들 수 있도록 열심히 노력해 주건 좋겠어."

이런 식으로 이야기해 주면 어떨까?

상대의 아픔을 아는 일, 그리고 누군가에게 도움이 되려고 하는 일, 그것을 어린 시절에 반복해서 가르쳐 주기를 바란다.

전철에서 떠드는 아이에게는 야단치기보다, 타인에게 끼치는 폐에 대해서 깨닫게 하라

아이들은 전철 안에서 수다를 떠는 일에 정신이 팔려 자기도 모르게 떠들다가 목소리가 점점 커진다. 그러자 옆에 있던 아저씨가 "시끄러워!"라고 주의를 준다.

이때 "아저씨가 화내잖아. 조용히 좀 해"와 같은 말로 아이에게 주의를 주는 부모가 있다. 이래서는 마치 주의를 준 아저씨의 성격이 비뚤어졌거나 좋지 않게 보인다.

반대로 당황해서 "죄송합니다!"라고 아이 대신 사과하는 부모도 있다. 분명 부모가 감독을 잘 하지 못한 점도 있겠지만, 시끄럽게 한 쪽은 부모가 아니라 아이다.

"지금 좀 시끄러웠지? 주위 사람들에게 미안하다고 생각하지 않니?"

이렇게 아이에게 말할 수 있으면 좋다. 아이가 그 사실을 깨닫고 아저씨에게 직접 "죄송합니다"라고 말하면 더할 나위 없이 좋겠지만, 깨닫지 못했다면 "아저씨에게 뭐라고 말해야 좋을까?"라고 물어봐도 좋다.

아이가 조금 조용해진 상태에서 "전철 안에는 조용히 있고 싶은 사람도 있고, 잠자고 있는 사람도 있잖아. 떠들면 안 된단다"라고 다시 한 번 확인을 하자.

대부분의 어머니는 "주위 사람에게 불편을 끼쳐서는 안 된다"라고 아이에게 자주 말한다. 하지만 살다보면 누군가에게 폐를 끼치게 마련이다. 전철에 타면 한 사람분의 공간이 더 좁아지며, 그 좁은 공간에서 숨을 쉬면 탄산가스를 토해내게 된다. 이처럼 인간은 어떤 의미에서든 서로 폐를 끼치고 있는 것이다.

자신의 행동이 상대에게 불편을 끼친다는 것을 잘 알면서도 아무렇지 않게 행동하는 것도 문제지만, '불편만 끼치지 않으면 된다'고 생각하는 것도 문제다. 반에서 따돌림을 당하고 있어도 모르는 체 하는 아이들은 '나는 다른 사람에게 별로 폐를 끼치고 있지 않다' 고 생각한다. 원조교제를 하는 여자아이가 "난 특별히 누군가에게 불편을 주지 않았습니다"라고 말을 한다.

살다보면 반드시 누군가에게 폐를 끼친다. 그러므로 '누군가에게 도움이 되자' 라고 생각하는 것은 중요하다. 자신의 힘을 어떤 식으로 발휘해야 남에게 도움이 되는가. 어떻게 하면 주위에 '공헌' 을 하는가. 아이들이 항상 이런 생각을 하면서 자랐으면 좋겠다.

일찍 일어나라는 잔소리보다
<u>스스로</u> 일어날 수 있게 도와준다

아침에 몇 번을 깨워도 잘 일어나지 못하는 아이가 있다.

어머니가 계속해서 큰 소리를 내고, 이불을 걷어내며 "빨리 일어나!"라고 재촉해야만 아이는 겨우 일어난다. 결국 아침도 충분히 먹지 못하고, 기분이 안 좋은 얼굴로 지각할까 걱정하며 뛰어나간다.

그런 일이 날마다 계속 이어지면, 대부분의 어머니들은 "내일부터는 절대로 안 깨워줄 테다!"라고 아이를 협박하게 된다.

하지만 그냥 협박으로만 끝나버리고, 결국 다음 날도 똑같은 일이 반복된다. 그러다 보면 아이는 '어차피 엄마가 또 깨워줄 텐데, 뭐'라는 생각으로 어머니의 말을 대수롭지 않게 여긴다. 결국 스스로 일어나지 못하게 되면서, 날마다 지각을 하게 된다.

이럴 때는 일단 한 번쯤 실패를 경험해보게 하는 것이 좋다.

아예 깨우지 않는 것은 불쌍하니까 이렇게 말하는 것은 어떨까?

"내일은 한 번만 깨울 거야."

만약 아이가 어머니의 말을 알아듣고 수월하게 아침에 일어난다면 그보다 기쁜 일은 없다.

"오늘은 아침밥을 제대로 먹을 수 있었네. 엄마도 이것으로 안심했어."

이렇게 말하며 앞으로는 쉽게 일어날 수 있도록 하자.

하지만 대부분의 아이들은 아마 잘 일어나지 못할 것이다. 그러다 지각을 하고 선생님에게 야단을 맞게 되면, "엄마, 부탁이니까 일어날 때까지 깨워줘"라고 부탁한다.

이때 전과 같은 상태로 돌아와 버리면 아무런 의미가 없다.

"몇 번 깨워주었으면 좋겠니?"

"이불을 걷어내도 좋아?"

그런 식으로 아이에게 물어보자.

예를 들어 아이가 "두 번 깨워줘"라고 말한다면, "알았어. 엄마도 네 부탁을 들어줄 테니까, 너도 두 번에 꼭 일어날 수 있는 방법을 생각해 보렴"이라고 말한다.

더 일찍 잔다든지, 자명종 시계를 맞춘다든지, 처음 깨웠을 때 침대 옆 커튼을 스스로 연다든지, 나름대로 시도를 하게 하는 것이다.

한 번의 실패로 효과를 높이기 위해서 선생님에게 협력을 부탁할 수도 있다.

"우리 아이는 아침에 잘 일어나지 못해요. 항상 시간에 쫓기다 보니 아침도 먹지 못합니다. 그래서 이번 기회에 혼자 알아서 잘 일어날 수 있게 해 주고 싶어요. 그래서 다음에 깨워도 또 일어나지 않으면, 그냥 그대로 내버려두려고 해요. 만약 그 날 지각하게 되면 조금 야단쳐주지 않으시겠어요?"

이런 식으로 실패를 경험하게 하는 것이다.

험담을 하지 마라 보다 험담을 듣는 편이 낫다가 마음에 울린다

"남을 험담하면 안 된다"고 아이를 야단치는 어머니가 있다. 물론 그냥 험담하게 두는 것보다는 낫지만, 가능하다면 다음과 같은 말을 아이에게 해 주면 어떨까?

"엄마는 네가 그런 말투를 쓰는 게 별로 좋지 않단다."

"만약 네가 그런 말을 듣는다면 기분이 어떨 것 같니? 조금만 생각해 보렴. 기분이 좋을 것 같아?"

신체의 특징을 놀리거나, 인격을 짓밟는 말을 하면서 "넌 정말 바보야"라는 말을 듣게 된다면 누구든지 큰 상처를 입을 것이다.

"네가 당하기 싫은 일은 남에게도 하지 말아야 한다고 생각해."

그렇게 하면 안 된다고 주의를 들었기 때문에 하지 않는 것이 아니라, 부디 '상대의 처지에서 생각하도록' 아이들에게 가르쳐 주기를 바란다. 성적이 좋거나 경쟁에 이기는 것보다도, 인간으로서 훨씬 더 중요한 일이다.

험담을 하는 아이가 나쁜 아이는 아니다. 아이는 원래 잔혹한 데가 있어서 자기를 중심으로 세계가 돌아가고 있다고 생각한다. 그래서 자신만 재미있으면 된다는 생각으로 상대를 놀리기도 한다.

그리고 성장함에 따라서 상대의 처지에서 생각하는 힘을 익히고, 자신과 마찬가지로 다른 사람들도 상처를 입고 슬퍼한다는 것을 깨닫는다. '이런 행동을 하면 마음이 아플까?', '이런 말을 들으면 슬퍼할지도 몰라' 하고 상상하게 되는 것이다.

상대의 처지에서 생각하기 위해서는 "좋다, 나쁘다"만을 가르치는 것으로는 충분하지 않다.

"그건 안 돼"라고 금지하거나, "대단하구나"라고 칭찬하는 방식보다는 "네가 그런 일을 하면 엄마는 슬프단다", "그런 행동을 해서 엄마는 기뻤단다"라고 어머니의 마음을 전하는 일이 필요하다.

부모의 돈을 몰래 가져가는 행동은
벌하기보다 용돈관리와 교섭기술을
가르쳐라

"우리 아이가 자꾸 돈을 훔쳐가요."

새파랗게 질린 얼굴로 상담을 하는 어머니가 있다. 초등학생 정도라면 돈을 훔쳐봤자 어머니의 지갑에서 약간의 돈을 가져가는 정도다.

물론 돈을 훔치는 일은 의식적으로 하는 행동이므로 단순한 '실패'로 치부해서는 안 된다. 아무 말도 하지 않고 돈을 가져가는 것은 나쁜 행위이기 때문이다.

하지만 자세히 이야기를 들어 보면, 어머니에게도 더 큰 문제가 있음을 알 수 있다.

그런 말을 하는 어머니들은 대부분 그런 일이 몇 번이나 있었는지, 그리고 아이가 얼마나 되는 돈을 꺼내갔는지 확실히 알지 못한다. 처음에는 전혀 눈치 채지 못하고 있다가 한참 지난 후에 지갑

안의 돈이 적다는 것을 느끼고, 그런 일이 자꾸 반복되어서 이상하게 생각한 어머니가 아이를 추궁하자 '고백을 하는' 경우가 대부분이다.

즉 아이의 손길이 쉽게 가는 곳에 지갑이 놓여있고, 돈이 얼마나 들어 있는지도 어머니는 거의 기억하지 못한다. 그래서 아이가 돈을 조금 꺼내가도 어머니는 전혀 알지 못한다. 이렇게 되면 결국 아이는 또 하고 싶어진다.

그렇다면 아이는 대체 어떤 목적으로 돈을 꺼내갔을까?

비싼 물건을 사기 위해서 그렇게 하는 경우는 우선 없다. 대개는 친구에게 과자를 사주거나, 모두가 읽고 싶어 하는 잡지를 사서 빌려 주고 있다.

아이들의 세계에서도 돈을 가지고 있으면 힘을 과시하게 된다. 그때까지 상대해 주지 않았던 친구들도 돈이 있으면 주위에 모여드는 것이다. 이것에 맛을 들인 아이는 항상 돈을 가지고 있으려고 한다. 즉 뇌물로 친구를 얻으려는 것이다.

"돈으로 친구가 되는 것이 아니라, 네가 가진 매력으로 친구가 될 수 있는 사람이 반드시 있을 거야. 어떻게 하면 그런 진짜 친구를 찾을 수 있을까?"를 아이와 함께 생각하면 좋다.

하지만 돈을 꺼내간 벌로, "더 이상 용돈은 안 줄 거야"라고 말하는 것은 조금 생각해 봐야 한다. 친구들에게 뭔가를 사주거나 돈을 빌려주는 행동은 좋지 않지만, 아이에게도 아이 나름의 인간관계라는 것이 있다. 자유롭게 쓸 수 있는 돈이 전혀 없다면 가엾지 않은가.

오히려 어머니가 준 용돈에서 관리를 잘 하고, 돈이 부족하면 어머니와 의논하는 것이 더 좋다는 것을 가르쳐 주어야 한다.

"이야기를 해서 부탁하면 줄지도 몰라"라고 말해 두면 좋다.

상황에 따라서는 임시로 주는 경우도 있다. 용돈을 늘려주는 일도 가능하다. 혹은 돈을 갖고 싶으면 집안일을 돕게 할 수도 있고, "지금은 줄 수 없다"고 말할 수도 있다.

아무 말 없이 몰래 가져가는 것이 아니라, "이런 이유로 돈이 필요하니까 좀 주세요"라고 제대로 말할 수 있는 것이 중요하다.

성격의 결점을 지적받는 것보다
구체적인 해결법을 통해서 아이는 변한다

서툰 말주변 때문에 항상 상대방에게 일방적으로 말을 듣기만 하고, 자신이 하고 싶은 말도 잘 설명하지 못해서 늘 손해를 보는 아이 때문에 한 어머니가 고민하고 있었다.

달리기를 아주 좋아하는 그 아이는 운동회가 열릴 때마다 릴레이에서 최종주자를 맡곤 했다. 어떤 때는 3명이나 따라잡을 정도였다.

하루는 학교에서 달리기 경주가 있었다.

그런데 그날 집에 돌아온 아이에게 어머니가 "어떻게 됐니?"라고 물어보자, "잘 안 됐어요"라고 힘없이 대답했다. "넘어졌니? 아니면 긴장해서 평소 실력이 나오지 않았니?" 하고 물어본다.

아이는 "화장실에 간 사이에 순서를 빼앗겼어요"라고 대답했다.

어머니는 실망했다.

"뭐? 그래서 풀이 죽어서 돌아온 거니?"

그날만 그런 것이 아니다. 어머니의 말에 따르면, 자신의 아이가 말이 서툴기 때문에 늘 손해를 본다고 한다.

상대에게 제대로 확인을 한다거나 끈질기게 교섭하지 못하고, 문제가 생길 때마다 아무런 행동을 취하지 못해서는 기가 죽어 돌아와 버리는 것이다. 대체 어떻게 된 것일까?

이럴 때는 실망하지 말고, 오히려 지금이 기회라고 생각하라.

"기죽지 말고, 끈질기게 하는 것이 중요해."

아무리 입으로 말해도 그 습관이 몸에 배는 것은 어렵다. 하지만 자신이 실패한 체험에서 아이는 배울 수 있다.

반복해서 말하지만 실패란 '노란불'이다. 대처방법에 따라서 빨간불도 되지만 파란불도 된다.

"실패했구나. 만약 이 다음에도 같은 일이 있거나, 혹은 시험을 보기 전에 화장실에 가고 싶으면 어떻게 해야 하지?" 하고 아이와 함께 생각해 보면 어떨까?

화장실에 가기 전에 선생님에게 허락을 받는다거나 긴장될 때는 미리 화장실에 다녀온다거나 가기 전에 옆에 있는 친구에게 "화장실에 다녀올 테니까 혹시 선생님이 내 이름 부르면 대신 말해 줄래?"라고 부탁할 수도 있다. 만약 순서를 빼앗겨 버렸다면, "지금 막 화장실에 다녀왔거든요. 지금이라도 하게 해 주세요"라고 부탁하면 된다.

방법은 여러 가지가 있다. 상황에 따라서 어떤 일이 가능한지 구체적으로 생각해 보자.

"너는 왜 이리 말주변이 없니?"라고 추상적으로 아이의 결점을 지적하기보다, 실제로 문제점을 느낄 수 있는 말이어야 아이는 비로소 이해할 수 있다.

'다음에는 이런 식으로 하면 돼' 라고 생각을 하면, 같은 실패를 반복하지 않는다는 것 외에도 아이에게 강한 자신감이 생긴다.

무리한 계획은 막지 말고
수정하도록 한다

아이는 종종 무리한 계획을 세운다.

하루 안에 도저히 불가능한 일과를 짜거나 여름방학에도 터무니없는 스케줄을 세우기도 한다.

"이렇게 많이 계획을 세웠니? 엄마는 조금 줄여도 좋다고 생각하는데."

이런 의견 정도는 말해도 좋겠지만, 아이가 그 계획대로 하고자 한다면 "무리하는 거 아니니?"라며 막기보다 "그럼 열심히 해 보렴"이라고 도전하게 하는 것도 좋다.

예를 들면 "하루에 문제풀이를 10페이지 정도 풀고, 7월 안에 전부 끝낸다"고 말을 했다면, 1주일 정도 상황을 지켜보면 된다.

어쩌면 아이는 절반도 끝내지 못할 수도 있다.

"무리한 것 같구나. 계획을 세울 때는 조금 더 여유를 갖고 하는 편이 낫지 않겠니? 다시 한 번 계획을 세워볼까?”

“아직은 조금 힘들지 않겠니? 괜찮겠니?”

이때 아이가 긍정의 표현을 나타내면 함께 생각하면서 계획을 다시 세우도록 한다.

“이번 계획은 어땠니?”라는 질문에 아이가 “꽤 많이 했어요. 조금 더 할 수 있을 것 같아요”라고 대답한다면, 이번에는 양을 늘려서 다시 계획을 세우면 된다.

학교에서는 자주 “목표를 세워라”, “계획표를 만들어라”라고 지도하지만, 목표와 계획을 세우는 것만으로는 부족하다.

세워놓은 계획을 여러 번 수정하면서, 현실적으로 실행 가능한 계획을 짤 수 있을 때까지 ‘계획대로 할 수 있었다’ 는 체험을 겪게 하는 것이 중요하다.

엄마, 아빠가 도와주었으면 좋겠다고
생각하는 일도 아이 자신에게
결정하게 한다

여름방학 중인 8월 말이 되면서, 아이들은 산더미처럼 남은 방학 숙제 때문에 소동을 피우곤 한다.

"엄마, 숙제 어떻게 해?"

그럴 때는 "그러니까 내가 빨리 빨리 하라고 했잖아"라고 야단을 치거나, "네가 잘못했으니까, 엄마는 몰라"라고 그냥 내버려두어서는 안 된다.

아이가 "실패했다!"며 도와달라고 호소를 하고 있으니, 도와주는 것이 좋다.

단, "엄마는 이걸 해줄 테니까, 너는 문제풀이를 빨리 해라"라는 식으로 돕는 것은 좋지 않다. 그러면 아이는 실패에서 아무것도 배우지 못한다.

자신의 실패를 인정하게 한 뒤, "어떻게 할 거야?"라고 아이에게 물어본다. "엄마. 부탁이니까 도와줘!"라고 아이가 부탁한다면 그 때서야 "엄마가 뭘 해 주면 좋겠니?"라고 확인을 구한다. 그리고 가능한 범위에서 협력을 해 주면 된다.

아이 대신 과제를 해 주는 것만이 '협력' 이라고는 할 수 없다.

문제풀이의 답 맞추기를 해 주거나 평소보다 늦게 자도 좋다고 허락을 해 준다든지 미술숙제 중에서 어려운 부분을 조금 돕거나 자유연구 아이디어를 같이 생각해 주는 등 아무튼 여러 가지가 있을 것이다. 경우에 따라서는 "부탁이에요!"라고 애원을 하는 아이 대신에 어머니가 과제를 완성해 줄지도 모른다.

"이번에는 도와주지만, 원래 네가 전부 다 해야 하는 일이야. 다음에도 이런 일이 생기면 안 되니까, 어떻게 하면 엄마가 도와주지 않아도 네 힘으로 할 수 있는지 잘 생각해 두렴" 이라고 말해 두자.

그러나 무슨 일이 있어도 과제를 다 끝내게 하는 것만이 해결방법은 아니다.

"숙제를 끝내지 못했습니다"라고 선생님에게 솔직하게 말해서 야단을 맞는 방법도 있고, "기한을 연장해 주실 수 없습니까?"라며 부탁하는 일도 가능할 것이다.

어느 쪽이든 아이 스스로 결정하는 일이 중요하다.

01 부모의 역할은 아이가 실패를 경험하지 못하도록 보호하고 지키는 일이다니라, 아이가 스스로 실패를 통해서 무언가를 배울 수 있도록 도와주는 일이다.

02 실패는 '노란불'이라고 할 수 있다. 어떻게 취급하느냐에 따라서, 빨간불도 되고 파란불도 되는 것이다.

03 "잘 하지 못해도, 엄마는 널 아주 좋아해. 널 응원하고 있단다. 다음번에는 분명 잘 할 수 있을 거야……." 이런 부모의 자세가 아이에게는 큰 힘이 된다.

04 '착한 아이'라는 칭찬을 받고 싶어서 하는 행동이 아니라, '이 일을 도와주던 누군가가 기뻐하고, 누군가에게 도움이 되기 때문에 스스로 행동하는 것이다'라고 생각하는 것이 중요하다.

05 아이 대신 과제를 해 주는 것만이 '협력'이라고는 할 수 없다.

: 결과가 나쁠 때일수록 **열심히 한 노력을 인정해 주자**

: **비판에도 지지 않는 자신감을** 심어주는 부모의 한 마디

: 아이를 괴롭히는 친구가 있다면, 그 체험을 자신과 잘 맞지 않는 **상대를 제대로 파악할 수 있는**

　기회로 연결시켜라

: **작은 용기를 칭찬 받은 아이는** 다시 도전한다

: 패배를 인정하는 일이 다음에 **이기기 위한 첫걸음이다**

: 아이의 마음은 이렇게 하라보다 **어떻게 하면 좋을까라는** 말에 움직인다

: 모두와 **사이좋게 지내지 못하는 아이에게는** 한 사람과 친해지는 계기를 만들어주자

03

의욕과 재능을 이끌어내는 말의 마법

아이는 "열심히 했구나"라는 말을 들으면 "아, 이것이 열심히 한다는 것이구나", "열심히 하면 엄마도 인정해 주는구나" 하고 깨닫게 된다. 그래서 좀더 열심히 하려고 생각한다. 그런데 "더 열심히 하거라"라는 말을 들으면, 아이는 '지금까지 나는 열심히 하지 못한 거구나' 하고 느끼면서, 시간이 아무리 지나도 열심히 하는 일을 실감하지 못한다.

“잘 하지 못해도, 엄마는 널 아주 좋아해. 널 응원하고 있단다. 다음번에는 분명 잘 할 수 있을 거야…….” 이런 부모의 자세가 아이에게는 큰 힘이 된다.

결과가 나쁠 때일수록
열심히 한 노력을 인정해 주자

공부를 전혀 하지 않았으면 나쁜 점수를 받는 것은 당연한 일이다.

하지만 이번에는 전보다 열심히 했는데도, 별로 좋은 결과가 나오지 않는 경우도 있다.

평소 40점이었는데 60점으로 올랐다면 "20점이나 올랐구나"라고 말할 수 있지만, 40점에서 45점이 된 정도로는 공부한 성과가 나온 것인지, 그냥 단순한 운인지 잘 모른다.

이럴 때 아이는 '모처럼 열심히 했는데' 하고 실망하게 마련이다.

그러나 이럴 때야말로 '실패'를 활용할 기회다.

부모는 자기도 모르게 실망하는 아이에게 "하루에 30분 정도는 부족해. 앞으로는 1시간 공부하거라", "억울하면 좀더 열심히 하면 되잖니"라고 말해 버리기 쉽다.

이래서는 지금까지 아이 나름대로 열심히 한 성과를 인정받지 못하고, ‘이 정도로는 열심히 한 것이 아니구나’ 하고 부정하게 된다. 하지만 결과가 예상대로 나오지 않을 때일수록 “열심히 했구나”라고 인정해 주는 일이 중요하다.

아이는 “열심히 했구나”라는 말을 들으면 “아, 이것이 열심히 한다는 것이구나”, “열심히 하면 엄마도 인정해 주는구나” 하고 깨닫게 된다. 그래서 좀더 열심히 하려고 생각한다.

그런데 “더 열심히 하거라”라는 말을 들으면, 아이는 ‘지금까지 나는 열심히 하지 못한 거구나’ 하고 느끼면서, 시간이 아무리 지나도 열심히 하는 일을 실감하지 못한다.

그러나 실망하고 있는 아이에게, 느닷없이 “열심히 했구나”라고 말해 주어도 아이는 별로 감흥을 얻지 못한다. 따라서 일단 실망한 마음을 받아주는 일이 필요하다.

“많이 억울했지?”

“네가 기대한 만큼 결과가 나오지 못해서 유감이구나.”

“열심히 했는데, 별로 점수가 오르지 않아서 실망했지?”

어머니도 나름대로 아이의 심경을 헤아려 주는 말이 필요하다.

이런 식으로 받아들이면, 아이는 풀이 죽어있는 자신의 모습을 이상하게 생각하지 않고, ‘아, 내 마음을 표현해도 되는구나’ 라고 깨닫게 된다.

“모처럼 열심히 했는데…… 조금 더 점수가 오를 거라고 생각했는데.”

이런 식으로 자신의 감정을 말로 표현하다 보면 기분이 나아지는 법이다.

억울해하는 것은 좋은 일이다. 자포자기의 심정으로 있을 때는 결과가 나쁘다고 해서 억울해 하지는 않는다. 자기 나름대로 열심히 했기 때문에 결과가 나쁠 때는 매우 억울한 기분이 드는 것이다.

"아직 결과는 나오지 않았지만, 네가 열심히 했다는 것은 이 엄마가 아주 잘 알고 있단다"라고 말해 주자.

문제는 앞으로 어떻게 하는가다.

"이 다음은 몇 점 따고 싶니?"라고 물어 보자.

아이이기에 어쩌면 "100점!"이라고 말할지도 모른다. 그러면 어머니는 다음과 같이 말해 주자.

"금방 100점을 따기는 어려울지 모르지만, 이 상태로 열심히 한다면 조만간 100점을 딸 수 있을지도 몰라. 어떻게 하면 100점을 딸 수 있게 될까?"

그리고 공부시간을 30분에서 1시간으로 늘린다든지, 날마다 예습을 한다든지, 학원에 간다든지, 문제풀이를 한다든지, 아이 스스로 생각하게 한다. 어머니가 조금 힌트를 주어도 좋다.

그런 다음 그 중에서 실행할 수 있을 만한 것을 정하면 된다.

아이가 꾀병부리는 행동은
작은 실패를 큰 실패로 숨기는 행위다

아침에 늦게까지 자다가 지각할 것 같으면 "학교를 쉬고 싶어요"라고 말하는 아이가 늘고 있다. 지각해서 교실에 들어가면 "아, 쟤가 지각했네", "왜 늦었니?" 하고 소란이 일어나기에 학교에 가고 싶지 않다는 것이다.

하루 학교를 쉬면 그 다음 날은 더욱 가기가 힘들어진다. 그래서 다음 날은 더욱더 갈 수 없게 된다. 처음에는 사소한 꾀병이었던 것이 결국은 '등교거부' 로까지 발전해 버리는 경우도 있을 정도다.

그래서 "엄마. 배가 아프다고 선생님에게 전화해서 학교를 쉰다고 말해 주세요" 라고 아이가 부탁한다면 어떻게 해야 할까?

"거짓말은 안 돼. 엄마가 데려다 줄 테니까 빨리 준비하렴."

분명히 거짓말은 좋지 않지만, 이때는 누군가를 곤경에 빠뜨리기 위한 거짓말이 아니라, 자신을 지키려고 만드는 거짓말이다.

어른도 꾀를 부려서 회사를 쉬려고 할 때, 친척 결혼식이 있다고 거짓말을 하는 경우가 있지 않은가. 게다가 학교에 갈지 안 갈지를 결정하는 것은 어디까지나 아이 자신이다.

"지각 정도는 아무것도 아니잖아."

이런 말도 별로 추천하지는 않겠다. 지각은 규칙위반이기 때문이다. 그것을 "아무것도 아니다"라고 아이에게 가르치는 것 또한 좋지 않다.

"지각은 분명히 보기 안 좋을지 몰라. 하지만 엄마는 지각해도 학교에 가 주었으면 좋겠어"라고 말하면 어떨까? 지각하기 싫어서 학교를 쉰다는 것은, 작은 실패를 큰 실패로 숨기려는 일이다. 긍정적인 수단이라고는 말할 수 없다. 그런 어머니의 마음을 아이에게 전하는 것이 중요하다.

그래도 아이가 가고 싶지 않다고 말한다면 선생님에게 뭐라고 설명해야 할까?

"우리 아이가 배가 아파서 오늘 하루 쉴까 합니다"라고 말한다면 어머니도 거짓말에 가담하는 셈이 된다.

그럴 때는 이렇게 해보자.

"엄마가 전화를 하면 잘못 말할 수도 있으니까, 전화를 걸어줄 테니 설명은 네가 하렴"이라고 한다. 그래서 선생님이 전화를 받으면 "우리 아이가 학교를 쉬는 이유를 말한다고 합니다"라고 말한 후 수화기를 아이에게 바꿔주는 것이다.

선생님은 왠지 이상하다고 생각하면서, 이것저것 이유를 물을지도 모른다. 그 결과, 말이 맞지 않게 되면서 "정말로 배가 아프니? 변명하지 말고 빨리 학교에 오거라"라고 말할 것이다. 그러나 선생님이 그렇게 말해도 결정하는 것은 당사자다. 만약에 "엄마를 바꿔주렴"이라고 선생님이 말하면 이렇게 대답하자.

"제가 볼 때는 상태가 평소와 변함은 없는 것 같은데요. 일단 본인의 말대로 오늘 하루 쉬게 할 까 해요."

어디까지나 아이 자신에게 책임감을 갖게 하는 것이다.

결국 학교를 쉬기로 했다고 하자. 나중에 "어떠니? 거짓말을 하면 심장이 두근두근해서 별로 기분이 좋지 않지?"라고 물어보는 것도 좋다. "괜찮니? 선생님이 나중에 문병 오실지도 모르는데. 거짓말하니까 걱정거리도 늘게 되지?"라고 말하는 방법도 있다.

"거짓말은 안 돼"라고 타일러서 무리하게 학교에 보내기보다는 거짓말을 하고 난 후의 기분을 스스로 체험하게 하는 것도 좋은 방법이다. 스스로 거짓말의 책임을 질 때, '역시 거짓말을 하면 좋은 기분이 들지 않는다' 는 것을 처음으로 느끼게 될 것이다.

또 이 소동의 책임을 지는 일도 필요하다. "죄송합니다"라고 사과하는 것보다 '어떻게 하면 내일은 지각하지 않을까' 가 중요하다. 그러기 위해서는 오늘을 어떻게 보낼지, 스스로 생각하는 일이 중요하다.

곤란한 일을 남의 탓으로 하면
불평만 하는 어른으로 성장한다

기대한 대로 일이 잘 안 풀렸다고 해서 잘못을 남의 탓으로 돌리거나 반대로 스스로를 자책해서는 안 된다. 그럴 때는 다양한 타개책을 생각하면서 새롭게 도전하는 힘이 있어야 한다. 이것은 살아가는 데 있어서 큰 도움이 되는 자질이다.

한 번은 학급간부를 맡고 있는 한 아이가 다음과 같은 문제로 곤란해 한 적이 있다.

학교에서 1년마다 열리는 가을 전시회에 대비해서 반에서 작품 만들기를 하고 있는데, 반 아이들 모두 참가하려는 의욕이 없는 것이다.

사정을 자세히 들어 보니, 수업시간에만 연습을 해서는 진행속도가 너무 느려서, 모두에게 "방과 후에 남아서 하자"고 호소했다고 한다. 그런데 반 아이들 중에는 학원을 다니는 아이도 있고, 합창단 연습 등의 사정이 있는 아이들도 있어서 충분히 인원이 모이지 않는다는 것이다. 더구나 남아도 서로 장난만 치면서 협력하지 않는 아이들이 많다고 한다.

"선생님이 전원 남아서 참가하라고 말해 주셨으면 좋겠는데, 그냥 할 수 있는 사람이 하면 된다고만 말씀하시잖아요. 반 전체의 작품인데, 이해가 안 돼요!"

"이렇게 해서는 완성하지 못해요. 옆 반은 벌써 거의 다 만든 것 같은데 늘 우리 반만 이래요. 어떻게 하면 좋을까요? 제 제안이 별로 좋지 않나요?"

이때 부모가 다음과 같은 말로 분개를 하면 어떻게 될까?

"네가 나쁜 게 아니야. 모두가 협력하라고 선생님이 제대로 말을 해야지. 게다가 다른 아이들도 반의 작품인데 협력하지 않는 게 나쁜 거야."

부모가 이런 말을 하는 것은 일이 잘 풀리지 않을 때는 아이에게 전부 주위의 탓이라고 가르치는 셈이다. 무슨 일이 있으면 "사회가 나쁘다, 정치가 나쁘다, ○○가 나쁘다"라고 불만만 말하고, 스스로 노력하지 않는 인간으로 키우려는 것이나 마찬가지다.

반대로 이렇게 말하는 것은 어떤가.

"네가 지나치게 흥분해 있어서 다른 아이들이 따라오지 못하는 건 아닐까? 이상하게 강요를 당하면, 사람은 반대로 의욕을 잃게 마련이거든. 선생님과 친구들에게 좀더 말을 잘 해보면 어떻겠니?"

아이에게 일이 잘 되지 않는 것은 전부 아이의 탓이라고 타이르는 것이나 마찬가지다.

잘못된 것을 따지기보다 어떻게 하고 싶은가가 중요하다.

"너는 어떻게 했으면 좋겠니?"라고 일단 아이에게 물어보면 어떨까? 아이는 훌륭한 작품이 완성되기를 바라고 있을지도 모르고, 아니면 오히려 반 전원이 협력하는 것을 더 소중히 생각하고 있는지도 모른다.

아이가 자신의 생각을 실현하기 위해서는 어떻게 해야 할까?

각자 집에 가지고 가서 할 수는 없는지, 협력을 잘 하는 아이들과 모여서 상담해 보면 어떤지, 작품을 조금 간단하게 만들면 어떤지, 학급회의에서 의논해보면 어떤지 혹은 친구를 한 명 한 명 설득해 보거나 여러 명이 함께 다시 담임선생님과 이야기하는 것이 어떤지……. 아무튼 다양한 방법을 생각해 볼 수 있을 것이다.

만약 아이가 정체상태에 빠져있다면, 부모가 힌트를 주면 좋다. 단, 아이가 스스로 생각하는 것이 아니라 "이렇게 하면 된다"고 일방적으로 부모가 정해버리거나, 일이 잘 풀리면 "다 부모가 시키는 대로 했기 때문"이라고 말한다면 결코 아이의 힘이 되지 못한다. 나중에 일이 잘 풀리지 않으면 "엄마가 시키는 대로 이렇게 한 건데"라고 어머니를 탓하게 된다.

인생은 스스로 정해 가는 것이다. 부모는 아이에게, 누군가의 조언을 받았다고 해도, 결국 자신의 판단이 중요하다는 점을 기회가 있을 때마다 가르치도록 하자.

비판에도 지지않는 자신감을
심어주는 부모의 한 마디

담임선생님에게 주의를 받은 한 아이가 풀이 죽어 있다. 그래서 어머니가 아이에게 어떤 말을 들었는지 물어보자, 아이는 "선생님이 저보고 동작이 둔하대요. 절 싫어하시나 봐요"라고 말했다.

이때 어머니가 "선생님이 그런 말을 하다니, 정말 심하네!"라고 아이 앞에서 선생님을 헐뜯는 행동은 아이에게 전혀 도움이 되지 않는다. 아이는 부모의 생각에 큰 영향을 받기 때문에 부모님이 그런 행동을 하면 선생님을 존경할 수 없게 된다. 선생님도 그것을 느끼고 아이와의 관계가 더욱 불편해진다.

그런 일이 있을 때는 "선생님께선 그렇게 생각하셨구나. 하지만 엄마는 네가 동작이 느리다고 생각하지 않아"라고 말해주면 된다. 실제로 아이가 무슨 일을 할 때마다 동작이 느리거나 시간이 많이 걸릴지도 모른다. 하지만 그렇다고 해서 "느린 아이"라고 단정 지을 수는 없다.

그 아이의 인격과 행동은 별개다. 이것이 아들러 심리학의 기본이다.

하지만 사람에 따라서 사고방식과 말하는 방식이 다양하다. 그렇기 때문에 상대가 잘못했다고 탓하는 것이 아니라, "선생님은 그렇게 생각하신 모양이구나. 하지만 엄마는 다르게 생각해"라고 말하는 것으로 충분하다.

그리고 아이에게 "선생님이 어떤 식으로 말해 주셨으면 좋겠니?"라고 물어 보자.

이때 아이가 "둔하다는 말은 하지 않았으면 좋겠어요"라고 말한다면, 그 마음을 선생님에게 어떻게 전할지 함께 생각해 보자.

수업이 시작되었는데도 교과서를 다 꺼내지 못한다는 점을 선생님에게 주의 받았다면, 쉬는 시간에 미리 준비를 해 두면 좋다. 체육복으로 갈아입을 때도 너무 느려서 다른 친구들을 기다리게 했다면, 앞으로는 집에서 옷을 빨리 갈아입는 연습을 하는 것도 좋다.

아이가 선생님에게 "앞으로 이런 식으로 열심히 할 테니까, 선생님 지켜봐 주세요"라고 말할 수 있도록, 어머니가 선생님 역이 되어서 연습을 시키면 좋다. 이런 때는 그냥 말로만 "선생님에게 말하면 되잖아"라고 해서는 안 된다. 쉬운 듯하지만 아이는 실제로 행동으로 옮기기 어려워한다.

만약 아이가 앞으로 어떻게 해야 될지, 또 선생님에게 왜 그런 말을 들었는지 이해하지 못한다면,

"그럼 엄마가 선생님에게 물어 볼까?"라고 도움을 주면 좋을 것이다. 아이가 "네, 선생님에게 물어봐 주세요"라고 부탁하면 대신 물어보러 가도 좋다.

"저희 아이가 자신의 단점을 고치고 싶어 합니다. 선생님, 저희 아이의 어떤 점이 그렇게 느린지 자세히 말씀해 주세요"라고 상냥하게 부탁하면 된다.

"미술시간이 끝나도 도구를 잘 치우지 않습니다"라고 대답했다면, "그럼 좀더 빨리 치우게 하면 되죠. 선생님께선 우리 아이의 행동이 전부 둔한 것이 아니라, 조금 더 빨리 치우면 좋겠다고 말씀하신 거였군요"라고 웃으며 대화를 끝내는 것이 좋다.

그런데 최근에는 아이를 칭찬하면서 키우는 것이 좋다고 생각하는 부모가 많고, 어릴 때부터 "착한 아이구나", "ㅇㅇ를 잘 하는구나"라는 말을 남발하는 어머니를 많이 본다. 분명 아이는 칭찬을 들으면 기쁘기 때문에, "착한 아이구나"라는 말을 많이 듣고 싶어서 어머니의 말을 잘 듣는 것이다.

하지만 "칭찬을 들으며 자란 아이"는 타인의 평가를 마음에 쓰고, 칭찬을 듣고 싶어서 필사적으로 열심히 한다. 그래서 칭찬을 듣지 못하면 불만을 갖게 된다. 또 비판을 받으면 큰 상처를 입기도 한다. 실제로 이 세상에는 상냥한 말만 있는 것이 아니다. 오히려 사회에 나오면 강한 말에 노출되기 때문에, 칭찬을 받기를 기대하

다가는 불만과 상처를 쉽게 받고 만다.

한편 '인정을 받으며 자란 아이'는 자신에 대해서 자신감이 있고, 타인의 평가에 좌우되지 않는다. 비판을 받아도 저 사람은 그렇게 생각을 하는구나라고 거리를 두면서 받아들이는 일이 가능하다.

그렇다면 '칭찬한다'와 '인정한다'의 차이는 무엇일까?

칭찬은 부모가 자식을 위에서 내려다보며 무조건 그렇다고 단정 짓는 일이다. "착한 아이구나"라는 말은 "둔한 아이구나"와 마찬가지로, 그 아이 자체에 딱지를 붙이는 셈이다. 그렇기 때문에 착한 아이가 나쁜 일을 하면, 곧바로 '나쁜 아이'가 되어 버린다.

인정을 한다는 것은 '좋다, 나쁘다'와 관계없이 그 아이의 인격이 아니라 행동이나 감정 등을 있는 그대로 '인정하는' 일이다. "정말 열심히 했구나", "도와줘서 큰 도움이 되었단다"라고 인정을 하는 것이다. 실패한 일도 낙담한 일도 인정을 해 주자.

아이를 괴롭히는 친구가 있다면
그 체험을 자신과 잘 맞지 않는 상대를
제대로 파악할 수 있는 기회로 연결시켜라

초등학교 고학년이 되면 친구관계도 꽤 복잡해진다.

간혹 사이좋게 지내고 있던 친구가 뒤에서 자신을 험담하는 일이 생기기도 한다. 그러면 아이는 배신당한 기분으로 상처를 입는다.

그러나 이때 "심하네. 그런 친구랑은 놀지 마라"라는 식으로 부모가 먼저 그 아이의 행동을 결정해서는 안 된다.

일단 "상처 받았구나"와 같은 말로 아이의 기분을 받아주어야 한다.

그런 다음 "네가 친구에게 그런 식으로 험담을 하고 있었다면 엄마는 아주 슬플 뻔했어. 하지만 험담을 한 쪽이 아니라 듣는 쪽이어서 오히려 다행이다." 이렇게 말해 주면 어떨까?

그 다음에는 그 아이와 앞으로도 친구로 지내고 싶은지에 대한 아이의 의견을 존중하자.

만약 계속 친구로 지내고 싶다면 어떻게 해야 할까?

험담을 들어도 참으면서 계속 친구로 지낼 수도 있다. 그리고 이 방법이 싫다면 다음과 같이 자신의 마음을 제대로 전달할 수도 있다.

"네가 나를 건방지다고 해서 슬펐어. 앞으로도 난 너랑 친구로 지내고 싶어. 그래서 그러는데 나의 어떤 점이 건방지다고 생각했니? 혹시 네가 싫어하는 일을 내가 했니?"

이렇게 마음을 전하기 위해서는 용기가 필요하다. 어머니가 그 친구 역할이 되어서 연습해 보는 것도 좋다. 마음을 털어놓는 일이 계기가 되어, 오히려 더 사이좋게 지낼 수 있을지도 모른다.

혹은 그 아이와 거리를 두는 방법도 있다. 모든 사람과 꼭 사이좋게 지내야 할 필요도 없고, 모든 사람에게 사랑을 받는 일도 불가능하다.

아들러 심리학에는 자주 인용되는 '2대 1대 7의 법칙' 이라는 것이 있다. 이 세상에는 자신이 특별히 노력하지 않아도 친해질 수 있는 사람이 10명 중에 2명은 있다. 그리고 아무리 노력해도 도저히 맞지 않는 상대가 1명은 있다. 나머지 7명은 자신의 태도에 따라서 관계가 변한다. 즉 아무리 좋은 사람이라도 모두 그 사람을 좋아하는 일은 없는 법이다. 세상에는 여러 사람이 있기 때문에 싫은 상대와 무리하게 사귀지 않아도 된다.

대개 사람들은 아무리 성격이 맞지 않아도 서로 험담을 하거나 괴롭히지는 않는다. "너와는 이젠 절교야" 라는 선언도 하지 않는다. 그냥 가까이 하지 않고, 함께 있고 싶은 친구와 있으면 될 뿐이다.

부모가 '저런 아이와 사귀면 우리 아이에게 도움이 되지 않는다'

고 생각해서, "ㅇㅇ와 더 이상 놀지 말거라"라고 말하며 친구를 대신 선택하는 일이 있는데 이러면 곤란하다.

누구와 친구가 될지는 아이가 선택할 일이다. 게다가 '나쁜 친구'란 없다. 아이가 자신을 신뢰하고 있다면, 어떤 친구를 사귀더라도 그 속에서 배우며 성장해 가는 법이다.

가끔 아이들은 '저 애는 나를 괴롭혀서 어울리기 싫어'라는 생각으로 부모에게 "그 애는 이런 일을 해서 싫어요"라고 호소한다. 그럴 때도 "그럼 그 아이와 그만 놀아라"라고 부모가 대신 결정을 내리지 말고, 어디까지나 아이가 어떻게 대처할지 스스로 결정하게 만들자.

다툼은 좋다·나쁘다가 아니라 사고방식의 차이임을 가르친다

당신이라면 친구에게 들은 사소한 말로 끙끙거리며 걱정하는 아이에게 무슨 말을 해 주겠는가.

사실 아이의 이야기를 듣고 있으면, 자기도 모르게 "그건 네가 나빠"라고 비판을 하거나, 반대로 "그 아이는 심한 말을 하는구나"라고 동조하고픈 마음도 생긴다.

한 여자아이가 학급 간부가 되었다. 그 여자아이는 간부로서 열심히 활동하려고 애썼다. 예를 들면 수업 전에 떠드는 아이들이 있으면 "좀 조용히 해 줘!"라고 주의도 주고, 학급회의도 열심히 진행했다. 그런데 하루는 학급회의 시간에 한 남자아이가 그 여자아이에게 "착한 척하고 있네"라는 말을 툭하고 던졌다.

그런 일이 자꾸 생기자, 요즘 그 여자아이는 학교에서 돌아오면 늘 풀이 죽은 목소리로 이런 말을 했다.

“ㅇㅇ가 오늘도 이런 말을 했어요.”

백인백색이라는 말처럼 사람들은 정말 다양한 사고방식을 가지고 있다. 그리고 이는 아이들에게도 해당된다.

만약에 어머니가 ㅇㅇ라는 아이의 사고에 찬성하지 않는다면, 이렇게 말해 주면 어떨까?

“ㅇㅇ는 그런 식으로 생각하는구나. 하지만 엄마는 조금 다르게 생각해. 네가 착한 척한다고는 생각하지 않아. 네가 반 전체를 위해서 열심히 하는 건 좋은 일이라고 생각한단다.”

그 아이의 생각이 ‘좋다 · 나쁘다’ 가 아니라, 어머니는 다른 생각이라고 말해 주면 좋다. 사고방식이 다르다고 해서 다 틀린 것은 아니기 때문이다.

“네 나름대로 다른 생각을 가지고 있어도 좋다고 생각해”라고 가르쳐 주면 좋다.

비판에 지지 않는다는 것은 상대와 언쟁을 해서 이기는 일이 아니다.

비판을 받았다고 해서 풀이 죽는 것이 아니라 ‘저 사람은 그렇게 생각 하는구나’ 하고 냉정하게 받아들이자. 그리고 각자의 사고방식을 인정하고 서로가 만족할 수 있는 해결방법을 찾는 것이 좋다.

충격을 받은 아이에게 어쩔 수 없다는 말을 해서는 안 된다

한 초등학교 교실에서 달팽이를 키우고 있었다. 그런데 아이들이 학교에 오지 않는 여름방학에는 누군가 한 명이 이 달팽이를 가지고 돌아가서 돌봐줘야 했는데, 아무도 희망하는 사람이 없었다. 그런데 이때, 평소에 소극적이던 한 아이가 손을 들었다.

그 아이는 매일 달팽이를 정성스럽게 보살폈다. 그런데 8월 중순의 어느 날, 뜻밖에 달팽이가 죽어버리고 말았다.

"어쩌지, 죽어 버렸어!" 아이의 얼굴이 파랗게 질렸다.

아이는 달팽이가 죽어서 슬프기도 하고, 반 친구 모두에게 미안한 마음도 든다.

그런데 이때, "죽어버린 건 어쩔 수 없잖아"라고 말하는 것은 너무 심하다.

그렇다면 어떻게 말해 주는 것이 좋을까?

일단 아이의 마음을 그대로 받아주자. 이러쿵저러쿵 말하지 않아도 좋다.

"이런, 달팽이가 죽어버렸구나……."

"그렇게 열심히 네가 돌봐주었는데……."

그렇게 말하며 함께 슬퍼해 주는 것으로도 충분하다.

'엄마도 내 기분을 알아주는구나' 라고 느낀다면, 아이는 자신의 생각을 말로 표현할 것이다.

"왜 죽어버린 걸까요?"

어머니도 분명 그 이유를 잘 모를 것이다.

"가끔은 말이다. 열심히 돌봐줘도 죽기도 한단다."

"동물도 생물도 오래 사는 게 아니구나."

이번 기회에 생명의 소중함과 신비함을 이야기해줘도 좋다. 무덤을 만들어 묻어준다면, 아이의 마음도 한결 가벼워질 것이다.

"엄마, 학교에 가서 애들에게 뭐라고 말하면 좋죠? 죽게 해서 미안하다고 사과해야 하나요?"

사고방식 나름이지만, 열심히 달팽이를 돌보았고 일부러 죽게 만든 것도 아니므로 굳이 사과할 필요는 없다고 생각한다. 오히려 스스로 이 역할을 나서서 한 일을 자랑스럽게 생각해도 좋을 것이다.

그러므로 다음처럼 사실대로 말하는 것이 어떨까?

"달팽이를 열심히 돌보고 있었는데 8월에 죽어 버렸습니다. 정말 슬펐어요. 우리 집에 무덤을 만들어 주었습니다."

물론 어떻게 할지는 아이가 결정할 일이다. 아이가 "모두가 귀여

위했는데, 죽게 해서 미안해"라고 말하고 싶어 한다면, 부모도 "사과하지 않아도 된다"며 반대할 필요는 없다.

"엄마는 네가 열심히 돌보았고 또 마지막에 무덤도 만들어 주어서, 참 훌륭하다고 생각했어"라고 말해 주면 아이는 힘을 얻을 것이다.

아이가 이야기 할 자신이 없다고 하면, '반 친구 모두에게 말한다는 생각으로 엄마 앞에서 연습해 볼래?'라고 연습 상대가 되어주어도 좋다.

아이는 이런 식으로 충격적인 일이 일어났을 때, 어떻게 마주해야 하는지 배워간다.

부모가 아이의 힘이 되어준다면, 어떤 체험이든 아이에게는 크게 성장할 수 있는 기회가 된다. 아이가 학교에 가서 이야기를 잘 했다면 "정말 잘 했구나"라고 칭찬해 주자.

작은 용기를 칭찬 받은
아이는 다시 도전한다

학예회의 연극에서 주인공으로 입후보했는데, 떨어져서 그냥 계속 서 있기만 하는 '나무' 역할을 맡고 말았다. 그래서 아이는 크게 실망하고 있다. 이럴 때 어떤 말을 해 주면 좋을까?

일단 "주인공이 되고 싶었구나", "입후보했다니 용기가 있네"라고 인정해 주자. 그리고 아쉬워하는 아이의 마음도 받아들이자.

연극은 주인공 혼자만으로 완성되지 않는다. 아무리 훌륭한 배우라도 혼자 힘으로 무대를 만들고, 또 영화를 찍을 수는 없다. 그런 일은 불가능하다. 연극도 영화도 전부 다 조연과 스태프들이 존재하기 때문에 가능한 작업이다.

무대 위에 오르는 사람이 있으면 그것을 지탱하는 사람도 많다. 그것이 인생이다.

어느 쪽이 더 훌륭한 것도 아니고, 양쪽 모두 다 중요한 역할이다. 때로는 각광을 받는 사람과 뒤에서 지탱하는 사람이 뒤바뀌는 일도 있다.

“이번에는 주인공을 돕는 역할이구나. 그것도 중요한 역할이란다. 다음에는 네가 다른 사람의 도움을 받는 순서가 올지 몰라”라고 말해 주자.

그런데 반대로 항상 남을 배려하면서 조연만 하려 드는 아이도 있다.

어머니로서는 “때로는 화려한 역할도 하면 좋을 텐데”, “다른 아이들만 좋은 역할을 하고 우리 아이만 이게 뭐지……” 하고 허전한 마음이 들겠지만, 그렇다고 “넌 그렇게 양보만 하니까 안 되는 거야. 때로는 더 좋은 역할도 하면 좋을 텐데, 왜 안 하니?”라고 말해 버린다면, 그것은 아이를 부정하는 일이 된다.

그렇게 하면 아이는 앞에 나서려는 자신감을 더욱 잃고 말 것이다. 오히려 그 아이의 장점을 인정해 주자. 인정을 받은 아이는 ‘좀 더 열심히 해 보자’라고 생각할 수 있게 된다.

아이가 적극적이 되기를 바란다면 아주 사소한 일이라도, 아이의 용기를 인정해 주어야 한다. 예를 들면 수업참관에서 손을 들었다든지 혹은 학예회에서 목소리가 모기소리만큼 작았어도 “마지막까지 제대로 대사를 말할 수 있었구나”, “당당히 서 있어서 엄마는 기뻤단다”라는 식으로 좋았던 점을 평가해 주는 것이다. 다음 기회에 “이번에는 용기를 내어서 주인공으로 입후보해 보면 어때?”라고 말을 하면 아이는 더 큰 용기를 낼 수 있지 않을까?

틀린 것에는 신경 쓰지 마 보다
괜찮아

학교를 대표해서, 아이의 학년이 마을 연주회에 나갔다. 그런데 중요한 부분에서 아이가 틀리고 말았다. 연주회장에서 듣고 있었던 어머니는 그다지 큰 일이 아니라고 생각해도, 아이에게는 분명 충격이었을 것이다. 그래서 아이는 "분명 내가 틀린 탓에 입상하지 못했던 거야"라며 크게 낙담을 했다.

이때 "그래서 어제 악보를 충분히 봐 두라고 말했잖아"라고 상처를 부추기는 말은 결코 해서는 안 되지만 격려할 작정으로 다음과 같은 말을 해서도 안 된다.

"그런 건 실패 축에도 못 껴."

"누구라도 하는 일이야. 신경 쓸 필요 없어."

아주 작은 것이라 해도 실패는 실패다. 누구나 한다고 해서 실패가 없었던 일이 되는 것은 아니다. 신경 쓰지 말라고 해도, 사실 신경이 쓰인다. 이럴 때는 일단 아이의 실패와 실망스러워 하는 마음을 인정하는 것이 중요하다.

"네 탓이라고 생각하고 있구나."

"틀려서 충격을 받았구나."

그 다음에 어머니의 마음을 이야기해 주면 어떨까?

"그래도 도중에 무대에서 내려가지도 않고, 끝까지 연주해서 훌륭했어."

"엄마는 좋은 연주였다고 생각하는데. 마지막 부분에선 감동했단다."

"너 때문에 입상하지 못했다고 생각하지 않아. 다들 열심히 했고, 상을 결정하는 사람도 매우 고민했을 거야."

상황을 확인하면서 "다음에 연주를 할 때는 어떻게 하면 틀리지 않을까?"라고 물어보자.

악보를 보지 않아도 연주할 수 있도록 암기를 하거나, 다른 사람의 연주소리를 잘 듣거나 전날 집에서 복습한다든가, 무대에 오를 때 긴장되면 심호흡을 하는 등 부모와 같이 생각하다 보면 여러 가지 방법이 떠오를 것이다.

좋은 대답이 나오면 "실패에서 배울 수 있었으니 좋은 경험이었구나"라고 말해 주면 좋다.

패배를 인정하는 일이 다음에
이기기 위한 첫걸음이다

태권도, 유도, 검도, 소림사 권법, 합기도…… 등등. 이런 운동은 심신이 건강해지고 예의범절을 몸에 익힐 수 있기 때문에 최근 부모의 권유로 배우고 있는 아이들이 늘고 있다.

그런데 이런 무술은 전부 1 대 1로 시합한다. 이기는 사람이 있으면 당연히 지는 사람도 존재한다. 이겼을 때는 기분이 좋다. 본인도 기뻐하고, 부모도 "잘 됐다"며 축하해 준다. 하지만 더 중요한 것은 바로 졌을 때다.

지난번에는 대회에서 계속 이겼는데, 이번에는 2회전에서 지고 말았다. 그렇게 되면 아이는 실망감으로 고개를 푹 숙이게 된다. 올해도 우승할 수 있다고 생각했는데 져버려서 풀이 죽어있는 것이다.

이런 경우 간혹 부모가 아이보다 분해하면서 "심판이 이상해. 사실은 우리 아이가 한판승으로 이긴 거였는데", "상대의 반칙도 제대로 못 보다니 저래도 심판이야!"라고 화내기도 하는데, 이런 부모의 행동을 보고 배우다보면 아이는 결코 자신의 패배를 인정하지 못하는 사람으로 자라고 말 것이다.

그냥 '이번 시합에선 졌네'라는 말로도 좋지 않은가.

아이가 억울해한다면 "억울하지?"라고 말해 주고, 풀이 죽어 있으면 "유감이었구나"라며, 우선 아이의 기분을 받아준다.

앞으로도 열심히 할 수 있도록 응원해 주고 싶다면 두 가지 주의 사항이 있다.

첫째, 결과에서 졌어도 잘한 점을 인정해 주는 일이다. 상대와 비교하면서 어떤 점이 좋았고, 부족했는지 그런 점만을 지적해 주기보다 아이의 성장에 주목하는 것이다.

"당당히 앞에 나갈 수 있게 되었구나."

"넌 침착하게 했어. 상대의 움직임도 잘 보고 있었고."

"마지막까지 시합을 포기하지 않고 정말 훌륭했다."

"작년에는 맞아서 울었지만, 올해는 울지 않고 열심히 했구나."

둘째, 아이가 '다음에는 꼭 이기고 싶다'는 생각을 한다면 앞으로 어떻게 해야 될지 생각하게 한다. 어떻게 연습을 하는지, 어떤 점을 극복하면 좋은지, 또 어떤 점을 늘리면 좋은지 등의 구체적인 목표를 가지고 있으면, 배움에 임하는 자세도 달라진다.

졌을 때야말로 다음 단계로 비약할 수 있는 기회가 된다.

하지만 "무슨 일이 있어도 이겨라!"라고 스파르타식으로 교육하는 부모도 있다. 시합에서 응원도 보통이 아니다. "기합을 넣어, 기합!", "바로 때려!", "지금이야, 어서 가!"라고, 아이보다 더 흥분한다. 게다가 이기면 우레와 같은 박수갈채를 보내지만 지면 불호령을 내린다. 이기면 상을 준다며 물건으로 아이를 유혹하는 부모도 있다.

이런 부모는 "부모가 기대를 하기 때문에 아이도 계속 이길 수 있는 것이다. 부모가 승패에 관계없이 열심히만 하면 된다는 그런 달콤한 말만 하고 있으면, 아이는 낮은 수준에서 만족해 버린다"라고 말한다.

과연 그럴까?

부모가 "이겨라!"라고 마구 부추기지 않으면 아이는 열심히 하지 못하는 걸까? 그렇지만 사실은 그렇지 않다.

아이에게도 자신만의 도전의욕이 있다. 무언가에 도전해서 결과가 좋으면, 거기에서 만족하지 않는다. "좋다! 이 다음에도 조금 더 열심히 해 보자"라고 생각한다.

도전에 대한 의욕은 부모가 아이를 "절대로 질 수 없다"며 막다른 지경에까지 몰아넣기 때문이 아니라, 오히려 "비록 실패해도 열심히 힘을 내면 된다"는 마음이 있어야만 생겨나는 것이다.

부모의 기대에 부응하기 위해서 "꼭 이겨야 해!"라고 필사적이 되는 아이는, 반드시 힘에 부쳐 중도에 그만두고 만다. 현재 일등을 했다고 해서 모든 경기에서 계속해서 이길 수 있는 것은 아니다.

자신의 내면 안에 생겨나는 더 향상되고 싶다는 의욕을 갖고 앞으로 나아가는 아이는, 일이 잘 풀릴 때도 반대로 잘 풀리지 않을 때도, 항상 성장해갈 수 있다. 작은 실패에서 배우면서 막상 중요한 순간에 힘을 발휘할 수 있게 되는 것이다.

승패에 대한 집착을 버리는 것이 마음을 편안하게 만드는 비결이다

"선생님은 저 애만 좋아해. 실은 내가 더 잘 하는데!"

아이는 경쟁에서 졌을 때, 지게 된 억울함에서 비롯되어 이런 식으로 토라지곤 한다.

잘 하는 분야라고 자부하는 일일수록 더욱 억울한 법이다. 받아들이기 힘든 것도 무리는 아니다.

예를 들면 학년 중에서 피아노를 제일 잘 친다고 자부하던 아이가, 학예회에서 하는 합창의 피아노 반주자로 뽑히지 못했다. 이때 어머니는 슬퍼하는 아이를 달래려고 애쓴다.

"아무리 네가 잘 한다고 생각해도 위가 있는 법이야. 억울해 할 시간이 있으면, 좀더 연습해서 실력을 키우면 되잖니."

이 말에 아이는 더더욱 화가 난다.

"그럼 엄마는 그 애가 나보다 더 잘 한다는 거예요?"

일단 '어느 쪽이 더 잘 하는가' 에 집착하는 아이의 부담감을 덜어줄 필요가 있지 않을까? 아이의 불만을 "그건 좀 이상해"라고 말하지 말고, 이야기를 다 들어준 후에 이렇게 말해 주면 좋다.

"실망이 컸지? 그 아이가 얼마나 잘 하는지 엄마는 잘 몰라. 하지만 엄마는 네가 연주하는 피아노를 아주 좋아해. 더 이상 듣지 못하게 된다면 정말 유감이야."

이렇게 어머니의 마음을 말해 주는 것이다.

"중학생이 된 후에 또 반주자로 뽑힐지도 모르고, 내년 발표회도 있잖아. 엄마는 벌써 즐거운 마음으로 기대하고 있는걸."

"내년 발표회에서 훌륭한 연주를 하는 것과 그만 두어서 후회하는 것, 어느 쪽이 더 나을까? 무슨 일이 있어도 그만두고 싶다면 뭐 어쩔 수 없지만, 엄마는 네가 계속 했으면 좋겠어."

한동안은 기분이 안 좋을지 모르지만, 어머니의 말이 가슴에 와 닿는다면 아이 나름대로 마음을 정리해서 "역시 피아노를 계속 할래요"라고 말할 것이다.

아이의 마음은 이렇게 하라보다
어떻게 하면 좋을까라는 말에 움직인다

　항상 같이 노는 친구가 "오늘은 안 돼"라고 말하며 자신을 피한다. 그런데 알고 보니 나에게 빌려간 게임기를 친구가 잃어버린 것이었다.

　이 친구와 같은 행동으로 어색한 상황에서 도망치려는 것은, 어른들에게도 자주 있는 일이다.

　내 아이가 이러한 상황에 빠졌다면, 이때는 "빨리 사과하거라", "다시 한 번 찾아보면 어때?"라며 처음부터 답을 말해 버리지 말고, 우선은 이렇게 물어 보자.

　"참 곤란하게 됐구나. 그렇다고 평생 그 친구와 만나지 않을 수도 없고, 어떻게 하면 좋을까?"

　아이가 "다시 한 번 찾아볼게요"라고 말한다면 어머니가 도와줄 수도 있을 것이다. 저학년이라면 아직 찾는 방법을 잘 모를 수도 있다. 이럴 때는 "도와주었으면 좋겠니?"라고 말을 걸어보자. 장소를 분담하는 등 함께 찾아보면서 어머니가 먼저 발견해도 "열심히 찾았구나. 다음에도 이런 식으로 찾으면, 네 스스로 찾을 수 있을 거야"라고 말해 주자.

열심히 찾아도 발견되지 않는 경우가 있을 수 있다. 그러면 아이는 "사과하는 수밖에 없네"라고 말을 꺼낼 것이다.

"그렇구나. 빌린 물건을 잃어버렸으니 사과하는 것이 중요하지. 그밖에 또 할 수 있는 일은 없을까?"

잃어버린 게임기 대신 자기가 갖고 있는 장난감을 하나 준다든지, 저금해 놓은 세뱃돈을 찾아서 새것으로 사준다든지 등의 여러 가지 방법이 있을 것이다. 만약 상대가 "괜찮아. 이젠 그 게임기에 질려버렸으니까"라고 말한다면, "고마워. 다음에 혹시 또 빌리게 되면 절대로 잃어버리지 않도록 조심할게"라고 대답하면 좋다.

그리고 상황에 따라서는 아이가 직접 생각하고, 또 그와 병행해서 상대 아이 부모에게 연락을 취하는 것도 좋다.

"지금 이런 이유로 우리 아이가 열심히 찾고 있거든요."

의외로 "죄송합니다. 실은 저희 집에 있었어요"라는 일도 있을 수 있다.

어느 쪽이든 부모끼리 사이가 좋아져서, 종종 연락을 취하다 보면 서로에게 큰 도움이 될 것이다.

모두와 사이좋게 지내지 못하는 아이에게는 한 사람과 친해지는 계기를 만들어주자

초등학교 생활에 적응해감에 따라서, 반에는 다양한 '친한 그룹'과 '단짝친구'가 생겨난다. 하지만 그 중에는 혼자서 따로 노는 아이도 있다.

어머니는 걱정스러운 마음에 "모두랑 같이 놀아라", "네가 먼저 말을 걸어서 친해져야 돼"라고 말하기도 한다.

그러면 아이는 "난 친구 없단 말이야……"라고 대답한다.

이때 결코 당황하지 말라.

"그럼 누구랑 친구가 되고 싶니?"라고 물어 보라.

대개 반에서 가장 인기가 많은 아이의 이름을 말할 것이다. 어울려서 같이 놀 친구가 없는 아이에게는 인기가 많은 아이는 눈부신 동경의 존재다. 저 아이와 친해진다면 모두와 친해질 수 있다고 아이도 나름대로 생각하는 것이다. 그렇지만 인기가 있는 아이는 같이 놀자고 초대하는 아이가 많을 것이다.

“그러니? 하지만 갑자기 그 아이와 친해지기는 조금 어려울지도 모르겠구나. 그밖에 친구가 될 만한 아이는 없니?”

그러면 아이는 한참 생각한 후에 다른 아이의 이름을 말할 것이다. 이때는 자기처럼 반에서 혼자 노는 아이일 가능성이 크다. 그 아이라면 친해지기가 쉬울지도 모른다고 생각하기 때문이다.

“그럼 그 아이를 다음에 우리 집에 초대할까? 엄마가 그 아이가 되어볼 테니 한번 초대해 보렴.”

너무 진지하게 해도 어색할 수 있으므로 그냥 게임처럼 즐기면서 하는 것이 좋다. 일단 어머니와 웃으면서 해 보면, 아이는 자신감이 생겨서 말하기도 제법 쉬워진다.

얼마 후, 그 아이가 집에 놀러 오면서 서로 자주 왕래하게 되었다. 한 달 정도 지났을 때 이렇게 물어보자.

“어때? 이제 자신감이 생겼을 테니까, 저번에 인기가 많은 그 친구를 초대해 볼래?”

대개 아이는 “이젠 됐어”라고 말할 것이다.

실제로 인기가 많은 아이와 친해지고 싶었던 것이 아니다. 저렇게 친구와 즐겁게 놀 수 있으면 좋겠다는 마음에, 인기가 많은 아이의 이름을 말한 것뿐이다. 정말로 마음이 맞는 친구란 의외로 가까이에 있다. 그런 상대를 찾는다면 아이는 그 상대와 우정을 키워가려고 한다.

한 명의 친구와 관계를 소중히 키워나가는 일에서 서서히 다른 친구와도 관계를 만들어갈 수 있게 된다.

01 아이는 "열심히 했구나"라는 말을 들으면 "아, 이것이 열심히 한다는 것이구나", "열심히 하면 엄마도 인정해 주는구나" 하고 깨닫게 된다. 그래서 좀더 열심히 하려고 생각한다.

02 "이렇게 하면 된다"고 일방적으로 부모가 정해버리거나, 일이 잘 풀리면 "다 부모가 시키는 대로 했기 때문"이라고 말한다면 결코 아이의 힘이 되지 못한다. 나중에 일이 잘 풀리지 않으면 "엄마가 시키는 대로 이렇게 한 건데"라고 어머니를 탓하게 된다.

03 부모가 아이의 힘이 되어준다면, 어떤 체험이든 아이에게는 크게 성장할 수 있는 기회가 된다. 아이가 학교에 가서 이야기를 잘 했다면 "정말 잘 했구나"라고 칭찬해 주자.

04 도전에 대한 의욕은 부모가 아이를 "절대로 질 수 없다"며 막다른 지경에까지 몰아넣기 때문이 아니라, 오히려 "비록 실패해도 열심히 힘을 내면 된다"는 마음이 있어야만 생겨나는 것이다.

: 도중에 그만 두지 마라는 말로 **작심삼일을 고칠 수는 없다**

: 왜 거짓말을 하는가가 아니라 **어떤 목적을 위한 거짓말인가에 주목하라**

: 창피한 경험을 한 아이에게는 신경 쓰지 말아라보다 **실패담이**

　효과가 있다

: **도전을 두려워하는 아이에게는** 부모의 경험담을 들려주며 용기를 심어주자

: **하고 싶지 않다는 말은** 그냥 넘겨듣지 말고 진심을 들어라

: 연습할 **기회를 만들어주면,** 아이는 쉽게 포기하지 않는다

: 아이에게 직접 옷을 고르게 하면서 **스스로 생각하는 힘을** 키워주자

부모의 도움으로 아이는 생생히 도전한다

사람에 따라서 어울리는 것도 있고 그렇지 않은 것도 있는 법이다. 그러므로 도중에 무언가를 그만 두는 일 자체는 별로 나쁘지 않다. 그보다 중요한 것은 그만 두는 방식이다. "잘 안 되었기 때문에 그만 두었다", "하려고 했는데 오래 이어지지 않았다." 이런 식으로 일을 그만 둔다면, 그때까지 다녔던 것이 낭비가 되고 만다. 그러면 그만 둔 다음에도 매사에 왠지 의욕이 생기지 않고 빈둥빈둥 놀게 될 수도 있다.

도중에 그만 두지 마라는 말로
작심삼일을 고칠 수는 없다

"우리 아이는 금방 질리기 때문에 무슨 일을 시켜도 오래 가지 않아요."

이런 고민을 안고 있는 어머니가 많을 것이다. 그러나 "한번 시작한 것은 계속 해라" 하며 아무리 야단을 쳐도, 아이들은 그리 간단히 말을 듣지는 않는다.

아이가 "엄마! 나 검도 그만 둘래, 선생님이 너무 무섭단 말이야"라고 말을 꺼냈다면, 당신이라면 어떻게 대처하겠는가.

"작년에 막 시작했잖아. 뭐든지 계속 하지 않으면 안 된다."

"비싼 도구를 샀는데 아깝잖아. 조금 더 해 보렴."

"그 정도 연습으로 녹초가 되다니, 그럼 어떻게 해?"

하지만 아이가 한 말인 "그만 두고 싶다", "선생님이 엄격하다"는 이유는 그저 표면에 드러나는 것뿐이다. 거기에 집착해서 이것저것 설교를 하기 전에, 그 속에 있는 아이의 마음이 어떤지 분명하게 물어 보자.

"선생님이 그렇게 엄격하시니?"

"검을 휘두르는 연습을 50번이나 하지 않으면 안 돼요."

"50번이나 검을 휘두르는 연습을 하는 것이 힘들구나."

"난 30번까지라면 괜찮지만, 그 다음은 더 이상 힘이 없어서 힘들어요. 하지만 선생님은 하라고 하시고, 그런 건 무리라니까요."

"도저히 안 되겠니?"

"전혀 할 수 없는 건 아니지만, 그런 거 해봤자 실력이 늘지 않아요. 좀더 시합을 많이 하고 싶어요."

역시 아이는 검을 휘두르는 연습만 시켜서 싫은 모양이다.

이렇게 아이가 구체적으로 불만을 이야기해 주면, 부모도 아이에게 조언해 주기가 쉬울 것이다.

"지금 잘 하는 형들도 처음엔 다 너처럼 그렇게 연습을 많이 했어. 엄마는 연습도 매우 중요하다고 생각해."

"넌 많이 강해지고 있다고 엄마는 생각해. 작년 시작했을 때는, 10번만 검을 휘둘러도 헉헉거렸는데, 지금은 30번이나 할 수 있게 되었잖니."

'계속 하다 보면 뭔가 좋은 일이 있다'는 것을 아이가 알게 되면, 그때부터는 계속 하려는 의욕이 생긴다. 어떤 일이든 금방 화려한 결과가 나오는 것은 아니다. 재미없는 순간이 있어도, 계속 끈질기게 열심히 하다 보면 성과가 보이는 것이다. 그것을 체험하는 것은 앞으로 살아가는 데 있어서 매우 중요하다.

물론 정말로 그만 두고 싶다면, 그만 두어도 상관은 없다.

사람에 따라서 어울리는 것도 있고 그렇지 않은 것도 있는 법이다. 그러므로 도중에 무언가를 그만 두는 일 자체는 별로 나쁘지 않다. 그보다 중요한 것은 그만 두는 방식이다.

"잘 안 되었기 때문에 그만 두었다", "하려고 했는데 오래 이어지지 않았다."

이런 식으로 일을 그만 둔다면, 그때까지 다녔던 것이 낭비가 되고 만다. 그러면 그만 둔 다음에도 매사에 왠지 의욕이 생기지 않고 빈둥빈둥 놀게 될 수도 있다.

검도를 하면서 진보한 부분을 발견할 수 있게 해 주자. 등이 곧게 펴져서 자세가 좋아졌다, 비 오는 날도 쉬지 않고 다닐 수 있었다…… 등 무엇이든지 좋다. "열심히 했구나"라고 인정해 주자.

그만큼 열심히 한 일은 자신 안에서 힘이 되고 있을 것이다. 그것을 다음에 어떤 일에 활용하는가가 중요하다.

"검도를 그만 두면 다음에는 무엇을 하고 싶니?"라고 물어 보자. 부모가 선택해 주는 것이 아니라, 아이가 결정하는 일이 중요하다.

수영을 배우고 싶다면 "지금까지 검도를 열심히 했으니까, 수영도 분명히 열심히 할 수 있을 거야"라고 용기를 심어 주자. 굳이 배우는 일에 한하지 않는다. 공부도 좋고, 무언가 자신이 좋아하는 취미활동이라도 좋다. 그만둔 후에도 대충 아무렇게나 보내지 말고, "그 시간만큼은 이런 일을 하고 싶다"는 것을 발견할 수 있도록 도와주자.

　검도선생님에게는 아이가 직접 "그만 두기로 했습니다. 검도를 배운 덕분에, 이런 일도 할 수 있게 되었습니다. 다음에는 그것을 살려서 ○○을 하겠습니다. 고마웠습니다"라고 말할 수 있으면 더할 나위 없이 좋다. 선생님도 이런 말을 들으면 "지금까지 열심히 했구나"라고 기분 좋게 보내줄 것이다.

서툰 설득보다는 마음을 정리 함으로써 긍정적이 될 수 있다

　무언가 일이 잘 풀리지 않아서 고민하는 아이를 보면 부모는 자기도 모르게 돕고 싶어져서, "이렇게 생각하면 되는 거야"라고 '설득'을 하거나 아이의 태도를 긍정적으로 바꿔보려고 한다.

　한 아이가 축구시합에 지고 나서 감독에게 "넌 좀더 이 점에 주의해라"라는 말을 듣고 완전히 의기소침한 모습으로 돌아왔다.

　어머니로서는 감독의 주의를 긍정적으로 받아들이고 노력하면 될 일인데, 언제까지나 우물쭈물 고민하고 있는 아이가 한심스럽게 느껴질 수도 있다.

　"네 탓으로 진 게 아니란다."

　"감독님은 네 실력이 좋아지길 바라니까 말해 주신 거야."

　이런 말로 어머니가 아무리 설득해도 아이는 "하지만……", "그래도……" 하고 자꾸 부정적으로만 생각하려 든다. 어머니도 결국은 화가 나서, "그렇게 자신감이 없으면 이젠 축구 따윈 그만 둬!"라고 언성을 높이고 만다.

자신감이 없는 아이는 '일이 잘 풀리지 않으면' 무엇이든지 쉽게 그만 두려고 한다. 그렇게 되면 한도 끝도 없다.

소극적인 아이를 설득해서 긍정적으로 바꾸려는 것은, 별로 효율적인 일은 아니다.

누구라도 소극적인 마음이 들 때가 있다. 그럴 때, "그런 소극적인 마음으로는 안 된다"라는 말을 들어도 힘이 생기지 않는다.

오히려 마음을 정리할 수 있을 때까지 옆에 있어주는 것이 좋다.

사람은 "그렇게 우물쭈물하고 있어서는 안 된다"고 부정의 말을 들으면, 오히려 그런 자신이 싫어져서 한층 더 풀이 죽게 된다. 하지만 그렇게 해도 좋다는 말을 들으면 안심을 한다. 그러다 언젠가는 계속 풀이 죽은 모습으로 있는 자신에게 질리게 된다. 그러므로 서툴게 격려하기보다는 아이의 기분을 알아주는 편이 아이의 마음도 빨리 진정된다.

그 다음은 아이 자신이 어떻게 하고 싶은가가 중요하다.

정말로 축구를 좋아하고, 그 감독을 좋아한다면 "축구를 더 잘 했으면 좋겠다.", "다음에는 감독님에게 잘 했다는 칭찬을 들었으면 좋겠다"라고 말을 꺼낼 것이다.

"그럼 어떻게 하면 그렇게 될 수 있을까?"라고 물어보면, 아이 나름대로 열심히 생각할 것이 틀림없다.

"다음에는 이런 식으로 연습해 봐야지", "감독님의 말씀을 주의

해서 잘 들을 거야. 어떻게 고치면 좋을지 상담도 해 봐야지"……
이런 식으로 아이에게도 새로운 의욕이 생길 것이다.

뭔가를 숨기는 아이에게는
왜 숨기는지를 생각하게 한다

"이렇게 점수가 나쁜데 엄마에게 보여주면 분명 야단맞을 거야."

그렇게 생각해서 성적이 나쁜 시험지를 숨기려는 아이가 있다. 그리고 책상서랍 안 한 구석이나 책가방 속에 숨겨놓은 시험지를 발견하고는, "이 녀석!" 하고 천둥처럼 큰 소리로 야단치는 어머니도 있을 것이다.

하지만 책상서랍도 책가방도 아이의 것이다. 마음대로 아이의 것을 뒤지는 어머니의 행동도 별로 좋은 것은 아니다. 먼저 "아무 말 하지 않고 열어서 미안하지만, 이런 걸 발견했어"라고 말하는 것이 순서가 아닐까?

"왜 숨겼니?"라고 그 이유를 물어보더라도 어머니 자신이 더 잘 알고 있다. 그대로 보였다가는 어머니가 화를 내기 때문에 아이는 시험지를 숨긴 것이다. 실제로도 시험지를 발견해서 노발대발 하고 있지 않은가. 그래서 아이는 다음에는 좀더 잘 숨기지 않으면 안 되겠다고 생각할지 모른다.

그럴 때는 이렇게 말해 보면 어떨까?

"엄마는 네가 이걸 보여주었으면 했는데. 나쁜 점수라도 네가 열심히 공부를 했다면 그것으로 좋다고 생각해. 보여주지 않아서 조금 섭섭한데."

아이가 풀이 죽어 있으면, "실은 엄마도 하나 숨기고 있는 게 있었단다"라고 말하면서 "자, 이 초콜릿을 숨기고 있었어. 너도 먹어 보겠니?" 이 정도로 재치를 발휘하면 아이의 움츠러들었던 마음이 조금은 기운을 내지 않을까?

그런데 간혹 "점수가 나빴기 때문에 야단치는 게 아니야. 이렇게 가방 속을 더럽게 하고, 시험지를 숨긴 게 잘못했다는 거야"라고 오래도록 설교하는 어머니가 있다. 그렇다면 100점짜리 시험지가 나왔으면 어땠을까? 과연 왜 숨겼냐고 야단을 칠까……? "제대로 보여 주면 좋았을 텐데" 하고 웃는 얼굴로 말하지는 않을까?

정작 부모가 솔직해지지 않으면, 아이에게만 정직하게 살라고 말해도 소용이 없다.

아이가 실패를 숨겼을 때는, 어머니에게도 자신의 방식을 되돌아 보는 좋은 기회가 될 것이다.

지금까지 아이의 실패에 대해서 어떤 태도를 취하고 있었는지, 또 아이가 정직하게 말할 수 있는 관계를 만들고 있는지, 다시 한 번 생각해 보라.

왜 거짓말을 하는가가 아니라
어떤 목적을 위한 거짓말인가에 주목하라

항상 약속시간을 지키지 못하는 아이에 대해서 앞에서도 이야기 했다. 이런 아이는 시간에 늦어 부모에게 야단맞는 동안에, '이래 서는 안 되는데' 하면서도 무의식적으로 "○○가 넘어져서 피가 많 이 나왔어요. 그래서 집까지 데려다 주었단 말이에요", "선생님이 남아있으라고 했단 말이에요"라고 변명을 한다.

그것이 거짓말임을 알게 된 어머니는 "왜 거짓말을 하고 그래?" 라고 아이를 더 야단친다.

사실 어머니는 아이가 왜 거짓말을 했는지 캐묻지 않아도 잘 알 고 있다. 어머니에게 야단을 맞고 싶지 않기 때문이다. 하지만 "거 짓말을 해서는 안 된다!"라고 강하게 야단을 치면 아이는 거짓말을 안 하게 될까? 아마도 야단을 맞지 않아도 될 수 있는 더욱 교묘한 거짓말을 지어낼 것이다.

아이가 거짓말을 했을 때는 왜 거짓말을 하는가보다 어떤 목적으로 거짓말을 하는지에 주목하자. 거짓말에는 다음과 같은 세 가지 종류의 목적이 있다.

첫째, 자신을 지키기 위해서다. 야단을 맞고 싶지 않아서 하는 거짓말이 이에 해당한다. 좋은 일은 아니지만, 어쩔 수 없어서 하는 거짓말이다.

둘째, 타인을 지키기 위해서다. 대장기질이 있는 아이는, 다른 아이를 감싸기 위해서 거짓말을 하곤 한다. 선생님에게 야단만 맞고 있는 아이가 또 실패를 했을 때, 그 아이를 감싸주기 위해서 대신 "제가 했습니다"라고 말을 하는 것이다.

셋째, 다른 아이를 골탕 먹이기 위해서 일부러 거짓말을 지어내 선생님에게 고자질하는 경우다. 이 거짓말은 용서를 받을 만한 것은 아니지만, 사실 아이들은 좀처럼 그런 거짓말을 하지는 않는다. 다른 아이가 나쁘다고 책임을 전가하는 거짓말도, 그 아이를 골탕 먹이기 위해서가 아니라, 자신이 야단을 맞지 않으려고 자기도 모르게 해 버리는 경우가 대부분이다.

아이가 부모에게 거짓말을 했을 때는 문제가 아이에게만 있다고 할 수 없다. 정직하게 대화를 나누지 못하는 지금까지의 부모와 아이의 관계에 있다고 생각하라. 시간에 늦었을 때, 만약 거짓말을 하지 않고 "놀고 있다 보니 시간을 잊어 버렸다"고 사실대로 말했다면 어떻게 되었을까?

"정직하게 말을 하다니 훌륭하구나"라고 칭찬을 받을까? 십중팔

구 "그러고 보니 얼마 전에도 그랬지? 똑바로 좀 해"라고 야단을 맞을 것이다.

그래서 어머니 자신이 "어떻게 하면 아이가 나에게 사실대로 말해 주는 그런 관계를 만들 수 있을까?" 하고 스스로 과거의 모습을 돌아볼 필요가 있다고 생각한다.

아이가 거짓말을 했을 때는 "사실대로 말할 수 없었구나. 하지만 거짓말을 하면 엄마는 슬프단다"라고 어머니의 마음을 그대로 이야기해 보자.

이것은 거짓말일지도 모르겠다고 생각이 들 때도 가끔은 속아 넘어가 주는 것도 좋다.

"내가 한 게 아니에요. 민혁이가 실패한 거예요 그런데도 숨기고 있어요"라고 아이가 말했다면 "그랬구나. 그럼 그 아이가 실패했을 때, 너도 함께 있었을 텐데 어떻게 도와주었니?"라고 물어보면 좋다. 도와주지 않았다고 대답한다면 이렇게 말한다.

"그 아이에게 어떤 일을 해줄 수 있을까? 예를 들어 실패를 해도 그것은 야단맞을 일이 아니라고, 정직하게 말해도 좋다고 이야기를 해 주는 것이 어떨까?"

무엇이든지 정면으로 승부한다고 다 좋은 것은 아니다. 특히 자녀는 항상 한 발 후퇴, 두 발 전진이다. 때로는 아이에게 조금 양보해도 좋다.

허세를 부리는 거짓말 뒤에
숨은 원망을 눈치채자

재미있게도 아이들끼리 이야기를 나누다 보면, 가끔 누구 부모가 더 훌륭한지 경쟁을 한다.

그리고 대개 한 아이의 "우리 아빠는 사장이야"라는 말을 듣고, 자기도 지지 않으려고 "우리 아빠도 사장이야"라고 대꾸하는 경우가 많다.

그러다가 우연한 계기에 아이가 그런 말을 퍼뜨리고 있는 것을 듣게 된 어머니는 얼굴이 달아오르고 금방이라도 아이에게 거짓말은 나쁘다고 꾸짖고 싶을 것이다.

그래도 "왜 그런 거짓말을 하는 거니? 보기 흉하지도 않니"라고 야단치지 마라.

아이는 우리 아빠도 훌륭한 분이라는 말을 하고 싶었을 뿐이다. 아이들은 종종 자신의 소망을 실제로 있었던 일인 것처럼 말하기도 한다.

"넌 아빠가 사장이었으면 좋겠다고 생각하는 모양인데, 사실은 아빠가 사장이 아니라서 조금 섭섭하니?"

이런 식으로 말을 걸어 보자.

"하지만 아빠도 좋은 점이 많다고 생각해. 매일 회사에 가서, 일은 힘들지만 열심히 일하면서 너희들을 지켜주고 계시잖니."

"그럼 네가 볼 때 아빠의 좋은 점은 뭐라고 생각해?"

그러면 아이는 아버지가 함께 장난감을 조립해 준다거나 야구를 함께 해 준다거나, 또 책을 많이 읽어서 많은 것을 알고 있다든지, 항상 용돈을 준다든지, 공부를 가르쳐 준다는 등 여러 가지 이유를 들 것이다.

나는 아이들이 "우리 아빠는 사장은 아니지만, 이렇게 좋은 점이 많아. 그래서 난 우리 아빠를 아주 좋아해"라고 가슴을 펴고 당당히 말할 수 있는 그런 아이로 자라주기를 바란다. 부모들도 아이가 그렇게 말할 수 있는 가정을 만들어주기를 바란다.

창피한 경험을 한 아이에게는
신경 쓰지 말아라보다 실패담이
효과가 있다

초등학교 저학년들 사이에서는 스쿨버스나 소풍을 가는 버스에서 멀미를 해서 토했다거나 수업 중에 "화장실에 가고 싶어요"라는 말을 하지 못하고 참다가 결국 싸 버리고 마는 일이 종종 일어난다.

이런 일을 겪으면 아이는 몹시 창피해할 것이다. 그리고 '다들 날 어떻게 생각할까?' 하고 불안해한다. 그 중에는 "더 이상 학교에 가고 싶지 않아"라고 말하는 아이도 있다.

그렇다고 "그런 일은 창피한 게 아니야.", "신경 쓸 일이 아니야"라고 아이의 기분을 부정하지 마라.

"그렇구나. 애들 앞에서 토해버렸다면 정말로 기분이 안 좋겠지."

"조금 창피했겠구나."

이런 식으로 아이의 마음을 받아 주라. 낙담하고 있는 아이에게 "낙담하지 마"라고 말해도 그것은 무리다. 이때 낙담해도 좋다고 인정해 주면 아이는 안심하면서 더더욱 자신의 마음을 이야기할 수 있을 것이다.

아이가 실패를 했을 때는 일단 이렇게라도 푸념을 들어주는 일이 중요하다.

게다가 어머니의 실패를 이야기해 주면, 아이는 한결 마음이 편안해진다. 예를 들면 이렇게 말해 주는 것이다.

"엄마도 말이지. 학교에서 돌아오는 도중에 똥을 싸버렸던 일이 있었단다. 굉장히 창피했어."

이때 조금 과장해서 말해도 상관없고, 친구의 이야기라도 상관없다.

"그래서 어떻게 됐어요?"

"친구에게 무슨 말 안 들었어요?"

아이는 흥미진진하게 질문할 것이다.

"외할머니에게 굉장히 야단을 맞았지. 새 바지가 엉망이 되었으니까."

"친구에게 냄새난다는 말을 듣고, 한동안 힘들었지만 다들 금방 잊어버리더라."

아이는 자신의 실패가 세상에서 최고로 형편없는 일이라고 느끼고 있기 때문에, 그런 대화를 나누는 사이에 자신의 실패가 대단한 일이 아니라고 생각하게 된다.

그리고 아이의 기분이 나아지면 어머니는 아이와 함께 다음에 똑같은 일이 생기면 어떻게 대응할지 생각한다.

"다음에도 또 멀미를 하면 어떻게 해야 할까?"

"수업시간에 오줌 싸러 가고 싶을 수도 있잖아. 그럴 때는 어떻게 하면 좋을까?"

토할 것 같으면 선생님에게 말한다거나 화장실에 가고 싶다면 손을 들어 말하거나 쉬는 시간에 화장실에 미리 간다든지 마지막까지 참아보는 등. 아이도 자기 나름대로 열심히 생각해서 대답할 것이다. 어머니도 조언을 하면서, 그 중에서 아이가 할 수 있는 일을 잘 결정하도록 도와주자.

혹시 아이가 토한 것을 치워준 아이가 있을지도 모른다.

"○○가 바닥을 닦아주었어요. 그 애에게 미안하다고 말하는 게 좋을까요?"라고 아이가 물으면 "고마웠어라고 말하는 게 낫지 않을까? 그렇게 너를 도와주다니 좋은 친구구나"라고 가르쳐 주자.

도전을 두려워하는 아이에게는 부모의
경험담을 들려주며 를 용기를 심어주자

운동회 전날이 되면, "내일 가고 싶지 않아"라고 말하는 아이가 있다. 작년에는 달리기 경주에서 꼴찌였고, 올해도 분명히 꼴찌가 될 게 뻔하기에 창피해서 운동회에 가고 싶지 않다는 것이다.

"전력을 다해서 열심히 하면 되잖아."

"참가하는 일에 의미가 있으니까, 꼴찌라도 창피하지 않아."

아무리 이론적인 말을 해도 소용이 없다. 창피하지 않다고 말해도 결국 창피를 당하는 것은 부모가 아니라 아이다. 차라리 "만약에라도 꼴등할까 봐, 그게 창피한 거구나?"라고 인정해 주자.

'분명 꼴찌가 되니까'가 아니라 '만약에'가 요점이다.

그것을 이해해 준 다음에, 어머니의 생각을 이야기해 주면 좋다.

아이에게 용기를 심어주기 위해서는, 이론적인 말보다는 예를 든 이야기가 도움이 된다.

마라톤에서는 다른 선수들에게 뒤처져서 마지막에 들어온 선수가 트랙을 다 뛰었을 때, 관중은 큰 박수를 보내준다. 어머니는 아이에게 그런 일화를 들려주면서, "빨리 달리는 사람만이 박수를 받는 것이 아니야. 사람들은 마지막까지 최선을 다해 열심히 달린 것을 보고 감동한단다"라고 말해 주어도 좋을 것이다. 가장 좋은 것은 어머니 자신의 체험을 이야기해 주는 일이다.

"엄마도 운동회 때 꼴찌가 되는 것이 걱정이 되어서 가고 싶지 않았단다. 하지만 열심히 연습해서 달리기로 했단다. 그러자…… 꼴찌에서 2등이 되었어."

열심히 하니 1등이 되었다는 화려한 에피소드가 아니라, 아이가 조금만 열심히 하면 이룰 수 있는 결과를 이야기하는 것이 비결이다.

놀이에 끼워주렴이라는 말은 아이에게서
스스로를 주장하는 힘을 빼앗는다

친구들 무리에 잘 들어가지 못하는 아이가 있다. 반 아이들 모두가 교정에서 줄넘기를 하는데, 조금 떨어진 곳에서 멍하니 보고만 있다. "나도 끼워줘"라는 말을 직접 하지 못하기 때문이다.

이럴 때, 학교 선생님은 "ㅇㅇ도 끼어줘라"라고 종종 말한다. 그러나 이것은 그 아이를 위한 좋은 방법이 아니다.

"너도 같이 하고 싶니?"라고 먼저 본인에게 물어보아야만 하는 것이다.

아이가 "네"라고 대답하면 "그럼 나도 끼워줘 라고 말해 보렴. 선생님이 여기에서 지켜봐 줄게"라고 용기를 심어준다. 만약 아이들이 "싫어. 넌 못하니까 끼어주지 않을래"라고 말한다면, 거기에서 어른이 개입하면 된다.

사실은 들어가고 싶은데, 자기가 먼저 말하지 못해서 그냥 고개를 숙이고 있거나, "들어가고 싶은 게 아니란 말이야"라고 반대로 말하며 토라지는 아이도 있다.

아이는 먼저 자신의 말에 책임을 지는 일을 배워야 한다.

"아무 말이 없구나. 들어가고 싶으면 말하렴.", "알았어. 들어가고 싶은 게 아니구나"라고 말하면서 더 이상 신경을 쓰지 않는 편이 좋다. 한참 지난 후 똑같은 상황이 생기면 "이번에는 너도 하고 싶니?"라고 다시 물어보면 된다.

학교의 장면을 예로 들었지만, 어머니도 마찬가지다.

'우리 아이는 소극적이라서' 라는 생각으로 아이가 먼저 말도 하기 전에 "우리 아이도 끼워주렴" 이라고 공원에서 노는 다른 아이들에게 부탁해버리거나, 혼자서 구석에서 조용히 놀고 있으면 "너도 쟤들이랑 같이 놀거라"라고 말을 하는 경우가 많다.

그러지 말고 "너도 쟤들이랑 함께 놀고 싶니?", "저 아이랑 사이좋게 지내고 싶니?"라고 물어보자.

아이들 중에는 혼자서 조용히 노는 것을 좋아하는 아이도 있다. 무리하게 "모두랑 같이 놀아라"라고 재촉하지 말고, 조용히 놀게 해 주면 된다. 안심하고 조용히 혼자서 노는 것에 만족하면, 이윽고 그 아이 나름의 속도로 다른 아이와 어울리고 싶어 할 것이다. 그런 식으로 조용하게 같이 놀 수 있는 친구를 발견하지 않을까?

소극적인 아이에게는 역할연기 게임이 효과적이다

"다들 같이 놀면서 나한테만 말을 걸어주지 않았어……."

아이가 힘없이 말한다.

이때는 초대받기만을 기다리지 말고, 먼저 초대하면 된다.

하지만 먼저 초대하지 못하는 아이는 거절을 당하는 것을 무서워한다. 거절을 당하는 위험을 피하고, 자신은 안전한 곳에서 누군가가 초대해 주기를 기다리려고 하기 때문에 어떤 의미에서는 아이나름대로 머리를 쓰는 것이다.

아이만이 아니다. 그런 경향은 어른들에게도 종종 나타난다.

확실하게 말로 "이렇게 해 주었으면 좋겠다", "이렇게 하고 싶다"고 갈하지 않는다. 서로의 마음속을 캐면서 "그 점을 좀 잘 봐주십시오", "네, 선처하겠습니다"라고 말한다. 회사 안에서도 누가 초대해 주지 않았다든가, 저 사람은 내 체면을 세워주지 않는다 등 자주 문제가 일어나지 않는가.

앞으로의 사회는 그렇게 해서는 통하지 않는다. 기다리지만 말고 스스로 전진할 수 있는 힘이 필요하다.

아이가 "친구가 초대해 주지 않았다"고 호소할 때는, "네가 먼저 초대를 하면 되지"라고 가르쳐 주자.

그런데 초대해도 거절당하는 경우가 있다. 이럴 때 아이는 거절당하면 마치 상대가 자기를 싫어해서 거절을 하는 것처럼 생각해 버리기 쉽지만 꼭 그런 것만은 아니다.

"놀자"고 초대했는데 "안 돼"라는 말을 들었을 때는, 어쩌면 오늘 형편이 나쁜 것일 수도 있다. 그러므로 다시 한 번 물어보는 것이 중요하다.

"알았어. 오늘은 안 되는구나. 언제가 좋아?"

이쪽이 "놀자"라고 말했을 때, 모두 "응, 놀자"고 대답할 리는 만무하다.

그 시간은 학원에 가야한다든지, 밖에서 놀고 싶지 않지만 집에서 게임을 하는 거라면 좋다든지, 우리 집에 오는 것은 안 되지만 가는 것이라면 좋다든지 각자 여러 가지 사정이 있을 것이다.

이럴 때는 역할연기(role-playing. 일정한 장면에서 등장인물에게 일정한 역할을 주어 일상적인 장면에서 행동하도록 연기를 시키는 방법)를 해 보는 것도 좋은 방법이다.

자기가 먼저 친구를 초대하지 못하는 아이에게는, 어머니가 상대역을 하면서 여러 가지 상황을 설정해서 연습을 시켜주면 좋다.

“좀더 잘 말할 수 있게 될 거야!”라고 너무 진지해질 필요는 없다. 그냥 게임 같은 감각으로 가볍게 해 보자.

미움을 받는다고 불안해하는 아이에게는
상대의 마음을 확인하게 하라

아이가 학교에서 돌아오더니 "모두에게 미움을 받고 있는 걸까?"라는 말을 꺼냈다.

이때, "그런 일은 없단다. 넌 좋은 아이야"라고 간단히 말하지 말고, 자세한 이야기를 들어 보자.

"미움을 받는다고? 어떤 일이 있었기에 그렇게 생각했니?"

"몰라. 그냥 어쩐지."

"그냥 그렇게 생각하는 거니? 그럼 정말로 미움을 받고 있는지 어떤지는 모르는구나. 나중에 또 뭔가 있으면 가르쳐 주렴"이라고 말하며 상황을 지켜보자.

"'안녕' 이라고 인사를 했는데 아무도 대답해 주지 않았어"라고 한다면 다음과 같은 방법이 있다.

"자기한테 하는 줄 모르고 그랬을 거야. 다음에는 "○○, 안녕",

“△△, 안녕”이라고 직접 이름을 불러보는 게 어때?”

직접 이름을 불러서 인사해도 ‘시끄러, 너랑 관계없어’라는 표정을 보인다면, 그것은 분명히 자기를 싫어하는 것이겠지만, 실제로 그런 일은 좀처럼 없다.

대답하지 않았다고 해서, 상대가 무조건 자신을 싫어하는 것이 아님을 아이에게 가르칠 필요가 있다.

만약 “○○는 몇 번이나 불렀는데 대답해 주지 않았어”라고 말한다면, 그 아이가 진짜로 싫어하고 있는지도 모른다.

그럴 때는 어떻게 대답하는 것이 좋을까?

“○○와 친하게 지내고 싶니?”

이런 질문으로 아이의 마음을 확인해보면 어떨까? 굳이 모두를 다 좋아할 필요는 없다. 나를 싫어하는 사람도 있을지 모르고, 그 사람과 일부러 사이좋게 지낼 필요도 없다. 그 외의 다른 아이와 사이좋게 지내면 되는 것이다.

하지만 그 아이를 좋아하기 때문에 사이좋게 지내고 싶다면, ‘어떻게 하면 사이가 좋아질 수 있을까?’ 하고 생각해 볼 필요가 있다.

이때 완전히 자신감을 잃어서, ‘나는 모두에게 미움을 받고 있다’고 말하는 아이가 있다. 하지만 실제로는 반 아이들 모두에게서 미움을 받는 일은 있을 수 없고, 영원히 미움을 받는 일도 없다.

예를 들어 운동이 서툴다면, 모두가 공놀이를 할 때는 “넌 잘 못해서 싫어”라는 말을 들을 수도 있지만 산수시간에 그룹으로 나뉘어서 문제를 풀 때는 큰 도움이 될지 모른다.

앞에서도 이야기했지만, '2 대 1 대 7의 법칙'이라는 것이 있다. 자신 주위에 10명의 사람이 있다면, 그 중 2명은, 내가 특별히 노력하지 않아도 나에게 호감을 가져서 친하게 지낼 수 있는 사람이며, 1명은 아무리해도 궁합이 맞지 않는 사람. 나머지 7명은 노력 여하에 따라서 사이좋게 될 수도 있고, 사이가 나빠지기도 하는 사람이다. 그러므로 아무리 훌륭한 사람이라도, 이 세상 모든 사람에게 사랑을 받는 일은 있을 수 없고, 반대로 모두에게 미움을 받는 일도 없는 것이다.

그런데 여기서 만약 누군가가 다른 아이들을 선동해서 "저 애를 무시해 버려"라고 한다면 그것은 집단적인 따돌림에 해당한다. 그 경우에 대해서는 다른 항목에서 설명하기로 하겠다.

하고 싶지 않다는 말은
그냥 넘겨듣지 말고 진심을 들어라

어떤 아이가 발레발표회의 주인공으로 발탁되었다. 매우 기뻐할 것이라고 생각했는데, 아이는 "하고 싶지 않다"고 말했다.

어머니는 이 좋은 기회를 놓치는 아이를 보며 "우리 아이는 뭐든지 새로운 일을 하면 겁을 낸다니까" 하고 한숨을 쉰다.

그래도 아이가 하고 싶지 않다는데 무리하게 시킬 수는 없는 노릇이다.

결국 어머니는 이렇게 말한다.

"정말로 하고 싶지 않니? 그렇다면 네가 직접 선생님에게 말하렴. 선생님도 사정이 있으니까, 빨리 이야기하지 않으면 안 돼."

이런 대응은 언뜻 보면 아이의 자주성을 존중하고 있는 것처럼 보인다. 하지만 과연 이것으로 좋은 것일까?

"하고 싶지 않다"는 말은 표면적인 이유에 불과하다. 따라서 부모는 그 속에 숨어있는 마음을 대화를 통해서 제대로 들어줄 필요가 있는 것이다.

"하고 싶지 않은 이유를 엄마에게 가르쳐 줄래?"

"몰라."

이렇게 대답하는 경우도 많을 것이다.

그러면 "저녁식사 때까지 생각해두렴" 하고 시간을 주자.

과연 아이가 주인공을 하고 싶지 않은 이유는 무엇일까?

'무대에서 실패하면 어떻게 하지' 하고 불안해하거나, 다른 아이를 제쳐두고 사람들 눈에 띄는 것이 무섭거나, 엄격한 연습을 따라가지 못하는 것이 걱정이 되기도 할 것이다. 갑자기 주인공역할에 자신감이 없거나, 노는 시간이 줄어드는 것이 싫다는 등 아무튼 이유는 다양할 것이다.

"그렇지 않아"라고 도중에서 말을 끊지 말고, 우선 아이의 그런 마음을 확실히 들어 주자.

그 후에 어머니는 "실패해도 괜찮아"라며 용기를 심어주거나, "예전에 엄마도 그렇게 앞에 나가서 처음 무언가를 할 때 무서웠단다. 그런데 해보니까 의외로 잘 해낼 수 있었어"라며 체험을 들려주거나, "엄마는 네 무대가 보고 싶어. 주인공에 도전하는 건 정말 멋진 일이라고 생각해"라고 자신의 생각을 말해주면 된다.

물론 결정하는 것은 아이 자신이지만, 조금 불안한 일에도 도전할 수 있도록 용기를 심어주자.

도전을 하지 않고 그냥 포기한다면 불안해 할 일도 긴장할 일도 없으며, 노는 것을 참을 필요도 없고 하루하루 평온하게 보낼 수 있을 것이다. 하지만 불안한 일에도 도전을 하고, 열심히 노력한 체험이야말로 아이에게는 그 무엇과도 바꿀 수 없는 소중한 재산이 된다.

연습할 기회를 만들어주면,
아이는 쉽게 포기하지 않는다

최근에는 학교에서 화장실에 가지 못하는 아이가 늘고 있다. 특히 대변을 보는 일은 창피하기 때문에 볼일을 참다가 변비에 걸리는 경우도 많다고 한다.

원래 학교는 아이의 생활 감각에 맞게 화장실을 바꿔야만 한다. 요즘 대부분의 집에서는 서양식 화장실을 사용한다. 그리고 이에 맞춰 유치원이나 놀이방도 서양식이 주류를 이룬다. 그런데 아직까지도 초등학교는 개선되지 않은 곳이 많다. 재래식 변기가 처음인 아이들은 적응하지 못해서 볼일을 보는 데 실패를 한다. 그래서 싫어하는 것도 무리가 아니다.

초등학교에 적응하지 못하는 이유 중에는 이런 점도 큰 부분을 차지한다.

"그런 화장실은 처음이지? 볼일 보는 거 힘들겠네."

“적응하지 못하니까 어렵지?”

이렇게 아이에게 말해 주라.

또 다르게는 “다음에는 잘 할 수 있을 거야. 우리 조금만 연습할까?”라고 말하며 기회를 만들어주자.

공공시설물의 화장실은 서양식과 재래식 양쪽 모두 있는 곳도 있다. 그런 곳에 가서 “이런 식으로 하는 거야”라고 가르쳐 주면 좋다.

연습을 하면서 “잘 했어”라고 칭찬해 주면 아이는 안심한다.

아이가 무슨 일을 하기를 주저하고 망설일 때는, 자세히 이야기를 들어 보면 의외로 가까운 곳에서 원인을 발견하기도 한다. 그 원인을 발견해서, 연습을 같이 해 주는 일도 중요하다.

실패를 남의 탓으로 돌리는 것은
자신에게 짜증이 나기 때문이다

아이들은 문제가 생기면 친구 탓으로 돌리곤 한다. 조금 언변이 좋은 아이는 불리한 형세를 역전시키려고, "엄마가 제대로 말하지 않았잖아요. 다 엄마 탓이야"라고 말하기도 한다.

예를 들면 전날 저녁에 "내일 오후에는 견학가지? 버스를 타야 하니까 멀미약 잊지 말고 챙겨라"라고 말을 했는데, 게임에 열중인 아이는 "응, 테이블에 두세요"라고 시큰둥하게 대답했다. 다음 날, 어머니가 아이를 배웅해 주고 테이블을 보자, 멀미약은 그대로 놓여 있다.

이윽고 아이가 돌아오자마자 어머니는 야단을 쳤다.

"내가 그렇게 말했는데 멀미약 잊어버렸잖아. 바로 가방 속에 넣었으면 안 잊었잖아."

그러자 아이는 "엄마도 말해 주지 않았잖아! 다 엄마 탓이야"라며 대꾸한다.

"엄마도 바쁘니까 그렇지. 뭐든지 엄마가 어떻게 다 기억하니? 한번 말하면 좀 시키는 대로 좀 해!"

"거봐, 역시 엄마가 잊어 버렸잖아. 엄마가 나빠."

어느 쪽이 나쁜가 말다툼을 해도 소용없다. 이것은 약을 미리 챙기지 않은 아이의 책임이다.

그런데 굳이 화를 낼 필요가 있을까? 멀미약을 잊어서 곤란하게 된 것은 아이다. 그러므로 사실은 야단칠 필요가 없는 일이다.

"멀미약 잊어버려서 안 됐구나. 곤란하지는 않았니?"라고 물으면 된다. 뜻밖에도 아이가 "괜찮았어요. 오늘은 멀미하지 않았어요"라고 대답할지도 모른다.

"다행이었네. 그럼 수학여행을 갈 때도 멀미약 없어도 괜찮겠니?"

"그렇지만 그때는 오래 버스를 타야 하니까 먹는 편이 좋겠어요"라고 다 답한다면, 그 다음은 어떻게 하면 잊지 않고 챙길 수 있는지 같이 생각하면 된다.

예를 들면 여러 번 말을 하지 않아도 처음 어머니가 말을 했을 때 바로 챙기는 방법이다. 또는 스스로 소지품 리스트를 만들어서 출발 전에 체크하거나, 출발하기 직전은 왠지 바쁘기 때문에 아침에 먹는 분만 별도로 하고, 가지고 갈 약은 가방 속에 미리 넣어두는 등 여러 가지 방법이 있을 것이다.

'반항기'에 접어든 아이는 아주 사사로운 일에서 '엄마 탓이야!

라고 말하기도 한다.

　예를 들면 잠에서 깨어보니 머리가 이상해졌다고 거울 앞에서 짜증을 내면서, "빨리 가거라"라고 재촉하는 어머니에게, "엄마 탓이야"라고 짜증을 부리기도 한다. 그럴 때는 일일이 화를 내지 말고, "어머, 그러니?"라고 웃어넘기면 된다. 이런 시기는 금방 지나가 버린다. 아이도 어머니의 탓이 아니라는 것쯤은 잘 알고 있으니까.

울면 어떻게든 다 된다가 아니라
말로 전하는 방법을 배우게 하라

무슨 문제가 있을 때마다 훌쩍훌쩍 울면서 돌아오는 아이가 있다. 이 경우 어머니는 걱정이 되어서, "어떻게 된 거니?", "누가 널 괴롭혔니?"라고 물으면서도, '정말로 이 아이는 소심하다니까……' 하고 한숨을 쉰다.

아마도 이 아이는 어릴 때부터 틀림없이 구석에서 울고 있으면 어머니가 달려와서 이것저것 달래주거나, 장난감을 뺏어간 친구에게 "돌려주거라"라고 대신 말해 주었을 것이다. 그래서 울면 누군가가 어떻게든 해 준다고 굳게 믿고 있는지도 모른다.

울고 있는 아이에게는 "다 울었으면 이제 말해보렴"이라고 상냥하게 말하자. "그런 일로 일일이 우는 게 아니야"라고 무서운 목소리로 야단을 치면, 불이 붙은 것처럼 더 울게 된다. 울고 있는 일 자체에 신경 쓰지 말고, 울음이 그칠 때까지 조금 더 기다려주자. 어떤 아이라도 감싸주는 상대가 없는데, 혼자서 오랜 시간 계속 울지는 않는다.

"잠깐 빨래를 걷어올 테니까, 다 울고 나면 들어오렴"이라고 말하고, 잠시 동안 다른 방에라도 가 있으면 아이는 그 사이 울음을 그친다. 그러면 이때 어머니가 "아까 울고 있었는데, 사실은 무슨 말을 하고 싶었던 거니?", "넌 어떻게 하고 싶니?"라고 물어보는 것이 좋다.

아이는 제대로 자신의 마음을 전하는 방법을 배울 필요가 있다. 유치원이나 학교 등 집단생활에서는 말로 자기주장을 할 수 있어야 한다.

울면 어떻게든 된다는 것은 난폭하게 굴면 어떻게든 된다와 마찬가지로, 아이가 말로 전달하는 방법을 제대로 배우지 못했기 때문이다.

안 좋은 일을 당했다면 "싫어", "그만 두었으면 좋겠어"라고 말로 전하는 일이 중요하고, 원하는 일이 있다면 누군가 알아주기만을 기다리지 말고 "이렇게 해 주었으면 좋겠다"라고 말로 전하는 일이 필요하다.

아이에게 직접 옷을 고르게 하면서
스스로 생각하는 힘을 키워주자

"이런 옷은 보기 흉하니까 싫어."

"이런 옷은 눈에 띄잖아요. 친구에게 무슨 말을 들을지도 몰라."

이처럼 어머니가 골라준 옷을 아이가 싫어하는 경우가 많다.

"그런 말 하지 말고, 모처럼 샀으니까 입어라", "다른 아이들이랑 같은 옷이 아니라도 괜찮지 않니?"라고 말해 버리기 쉽지만, 우선 생각해야 할 문제는 어머니가 아이가 입고 싶어 하는 옷을 사주지 않았다는 것이다.

어머니의 취향과 아이가 입고 싶은 옷이 반드시 같을 수는 없다. 어머니가 자신의 취향대로 옷을 사고 싶어도 그렇게는 할 수 없는 법이다. 아이가 "싫다"는 말을 했다면, 다음부터는 함께 옷을 사러 가서, 아이의 의견을 물어보고 선택하는 것이 어떨까?

무엇이든지 아이의 말대로 할 필요는 없다. 어린 아이라면 캐릭

터가 그려진 옷을 입고 싶을 수도 있고, 고학년이 되면 어른 옷보다 더 비싼 브랜드 옷을 원하는 경우도 있다. 이때 사줄 수 있는 것은 사주고, 그럴 수 없는 것은 안 된다고 딱 잘라 말하면 된다.

"이것들 중에서 어느 쪽이 좋아?"라고 질문해도 좋을 것이다. 이런 식으로 아이는 스스로 자신이 쓸 물건을 책임감을 가지고 선택하는 것을 배울 수 있다.

"지금은 어렵지만 크리스마스 때까지 참아준다면 사줄 수 있을지도 몰라"라고 말하면서 아이에게 참는 법을 배우게 하는 일도 중요하다.

다음 문제는 "다른 친구들에게 무슨 말을 듣는 것이 싫어서 입고 싶지 않다"는 경우다. 이 말을 뒤집어보면, 다른 친구들이 아무 말 하지 않으면 입고 싶다는 뜻이 된다. 그렇다면 아무 말 듣지 않는 그런 옷차림은 어떤 것인지, 그리고 만약에 말을 듣는다면 어떻게 할지를 생각하면 된다.

예를 들면 평소와는 다른 기회에 입어보는 것은 어떨까?

"일요일에 외출할 때 입어 볼까?"라고 제안할 수도 있고, 소풍을 가거나 학교에서 단체로 연극이나 영화를 보는 날과 같은 특별한 행사가 있을 때 입을 수도 있다. 그런 식으로 적응을 하면, 평소에도 입을 수 있을지 모른다.

어느 쪽이든지 아이가 "싫다"고 말하는 것을 어머니의 가치관으로 억지로 하게 만들어서는 안 된다. "어떤 상황이라면 싫어하지 않을까?"를 생각하자.

아들러 박사의 용기를 주는 교육법

01 아이에게 용기를 심어주기 위해서는, 이론적인 말보다는 예를 든 이야기가 도움이 된다.

02 "하고 싶지 않다"는 말은 표면적인 이유에 불과하다. 따라서 부모는 그 속에 숨어있는 마음을 대화를 통해서 제대로 들어줄 필요가 있는 것이다.

03 사람에 따라서 어울리는 것도 있고 그렇지 않은 것도 있는 법이다. 그러므로 도중에 무언가를 그만 두는 일 자체는 별로 나쁘지 않다. 그보다 중요한 것은 그만 두는 방식이다.

04 아이가 실패를 숨겼을 때는, 어머니에게도 자신의 방식을 되돌아보는 좋은 기회가 될 것이다.

05 사소한 일에도 짜증을 내며 '다 엄마 탓이야'를 남발하는 아이들이 있답니다. 이런 시기는 그리 오래 가지 않는답니다. 자신의 실수가 화가 나서 그러는 것이지요. 사소한 일도 스스로 챙길 수 있도록 부모님이 함께 연습하고 방법을 연구해보세요.

: 위험해서 만지지 못하게 한다가 아니라 **만지는 방법을 배우게 한다**

: 부모가 **방을 치워주는 습관을** 그만 두면, 아이는 치우는 방법을

　생각하게 된다

: 사과하는 것이 아니라 **사과하는 마음을 키워주자**

: 비 오는 날에 놀면서 **처음으로 알게 되는 경험도** 있다

: 아이가 싫은 경험을 할 때마다 **부모가 나서지 말고 협력을 해 주자**

: **거절하는 습관이** 나쁜 일을 막는다

: 아이를 전학 보내는 것은 불쌍하다가 아니라 다른 인간관계를

　만들 수 있는 **용기를 키워준다**

: 외모에 대한 열등감도 **부모의 무조건적인 사랑만** 있다면 괜찮다

: 아빠가 싫어가 아니라 **아빠의 어디가 싫은가를** 들어 본다

어떤 체험도 모두 성공으로 이어지는 습관 기술

"이렇거 그냥 그대로 두었다가 나중에 없어져도 엄마에게는 책임이 없다"라고 말해 두는 것도 좋고, 한번 경고를 했는데도 그대로 방치해 두고 있으면 처분하는 등 알맞은 규칙을 정하는 것도 좋다. 그러나 규칙은 진짜로 실행할 수 있는 범위에서 해 두자. 협박은 아무런 의미가 없다.

위험해서 만지지 못하게 한다가 아니라 만지는 방법을 배우게 한다

최근에는 초등학교에서 조리 실습이 시작될 때까지, 한 번도 식칼을 손에 쥐어본 적이 없는 아이가 꽤 많다. 물론 이 아이들은 사과 껍질조차 벗기지 못한다.

이것은 다 부모가 "아이가 칼을 만지면 손을 다칠 위험성이 있다"고 생각하기 때문이다.

그러나 실패하더라도 도전하게 하는 편이 좋다. 어머니가 함께 있는 한, 손가락을 자르는 그런 사고는 일어나지 않는다. 당근이라도 자르다가 칼이 가볍게 스치면서 피가 나오면, "실패했구나" 하고 치료해주면 된다.

그렇다고 무리하게 식칼을 쥐게 해서 훈련시킬 필요는 없다. 아이는 기본적으로 어머니가 하는 일에 흥미를 가진다. 어린이를 대상으로 한 요리 프로그램이 최근 계속 늘어나는 것을 봐도 알 수 있지 않은가.

만약 아이가 요리에 관심을 보이면 어머니는 옆에서 사고가 일어나지 않게 지켜보면서 간단한 요리를 가르쳐주면 어떨까? 최근에는 아이 손에 맞는 작은 식칼도 판매되고 있으니 훨씬 안전할 것이다.

어머니 없이 아이가 혼자 튀김요리와 같이 조금 위험한 요리를 만들면 크게 다칠 수도 있고, 화재가 날 수도 있다. 그러므로 어른이 판단해서 미리 아이에게 주의하도록 가르쳐 주어야 한다.

물론 위험한 요리를 아예 하지 못하게 하라는 것은 아니다. 아이가 뜨거운 컵에 손을 뻗으려 하면 "화상을 입을 수 있으니까 안 돼!" 라그 하기보다 "이건 뜨겁단다. 조심해서 다뤄야 해" 라고 말해 보자. 그러면 아이는 '정말로 뜨겁네, 뜨거운 것을 만질 때는 주의하지 않으면 안 되는구나' 라는 것을 배운다.

"식칼은 위험하니까 만지면 안 된다"고 말하는 것이 아니라, "식칼은 야채뿐만이 아니라 손도 벨 수 있단다. 그러니까 이렇게 조심해서 다루렴" 이라고 방법을 가르쳐 주는 것이다.

아이가 하고 싶어 하면 위험하다고 해서 무엇이든지 전부 막는 것이 아니라, 조금씩 새로운 일에 도전하게 해 보자.

게임의 해악을 설교하기 전에
게임의 매력을 직접 경험해 본다

하루에 몇 시간씩 게임기 앞에 달라붙어 있는 아이가 있으면, 대개 부모는 이렇게 말하며 야단을 친다.

"그렇게 게임만 하면 눈이 나빠지니까 그만 두거라!"

하지만 눈이 나빠지는 것은 게임에만 한하지 않는다. 공부만 하거나 혹은 책만 읽고 있어도 눈은 나빠진다. 하지만 그런 아이를 야단치는 부모를 본 적은 없다.

눈이 나빠지는 것이 걱정이라기보다는 오랫동안 게임하는 것이 싫은 것뿐이다. 그렇다면 어색하게 꾸며낸 듯한 이유를 대지 말고 사실대로 말하자.

"네가 그렇게 오래 게임만 하는 걸 엄마는 별로 좋아하지 않는단다."

"서너 시간이나 게임을 하고 있으면 지겹지 않니? 엄마는 그 소리만 들어도 머리가 아파진단다."

"게임 하는 시간을 줄이면 좋겠는데 시간을 정해서 할 수는 없겠니?"

눈이 나빠질까 봐 그런다는 거짓 이유가 아닌, 어머니 자신이 그만 두었으면 좋겠다고 솔직하게 이야기를 한다면, 아이는 따라줄 것이다. 그리고 아이가 스스로 결정한 일을 잘 지키면 "제대로 지켜주었구나"라고 인정해 주자.

더구나 게임에는 나쁜 면만 있는 것이 아니다. 반사 신경을 키우거나, 추리력을 키우는 효과도 있을 수 있고, 무엇보다도 아이에게는 즐거운 놀이다.

"안 돼"라는 말만 하지 말고 때로는 어머니도 같이 해 보면, 아이가 어떤 점에 매력을 느끼는지 잘 알게 될 것이다.

꼴찌인 아이가 싫은 이유는 부모가
창피를 당하고 싶지 않기 때문이다

초등학교에 가면 각 아이별로 산수문제풀이나 한자공부를 어디까지 했는지, 교실 뒤에 진도표를 만들어서 붙여놓은 광경을 가끔 본다. 수업참관이나 보호자 모임 등에서 부모가 교실을 찾아가면, 역시 우리 아이의 진도가 걱정이 된다. 그래서 아이가 집에 돌아오자마자 이런 말을 꺼낸다.

"진도가 꽤 늦네. 오늘부터 똑바로 해라. 이대로라면 꼴찌가 될지도 몰라."

하지만 아무리 타일러도 제대로 하려고 하지 않는 아이를 보는 어머니는 짜증이 난다.

그런데 한번 꼴찌가 되어보는 것도 좋지 않은가.

우리 아이가 꼴찌가 되는 것이 싫은 이유도, 사실을 따지면 어머니가 창피를 당하고 싶지 않기 때문이 아닐까? 하지만 그렇게 부모가 필사적으로 아이의 엉덩이를 때려가며 공부를 시키면, ‘공부는 무조건 어머니에게 맡겨라’ 가 되어 버린다. 아이가 스스로 곤란한 일을 겪기 전에, 어머니가 먼저 다 알아서 하기 때문에 아이에게는 그러는 편이 더 편하다. 결국 어머니는 시간이 아무리 지나도, “공부해라!” 라고 계속 잔소리를 하는 것이다.

“지금 조금만 열심히 공부해 두면 밑에서 10등은 할 수 있을지 몰라. 전혀 공부하지 않으면 꼴찌가 될 걸. 네 생각은 어떠니?” 라고 물어보면 좋다.

“나는 꼴찌라도 좋아요” 라고 말한다면 지금까지와 같이 그냥 내버려두자. 그러면 나중에 아마 심각한 점수의 성적표를 받을 것이다.

“이것으로 좋니?”, “어때, 조금은 유감이니?” 라고 다시 한 번 물었을 대 아이가 싫다는 반응을 보인다면 아이는 평소 공부를 하지 않은 실패에서 배울 수 있다.

공부하지 않는 아이를 야단치거나 그대로 방치하는 것이 아니라, 이런 식으로 가끔 스스로 깨닫게 되는 기회를 주자. 본인이 그런 마음이 들지 않을 때는 부모가 엉덩이를 때려도 움직이지 않는 법이다.

‘실패하면 곤란하구나’ 라고 생각한 경험이, 오히려 열심히 하는 힘을 이끌어낼 것이다.

부모가 방을 치워주는 습관을 그만 두면, 아이는 치우는 방법을 생각하게 된다

상당히 지저분한 아이의 방을 어머니가 치우면서, "이렇게 방이 더러우면 교과서도 못 찾잖아. 책가방도 못 챙기겠다. 이렇게 엄마가 치울 때까지 아무것도 하지 않는다니까!"라고 아이를 야단치는 장면을 자주 본다.

하지만 교과서가 없어서 곤란한 것은 아이다. 그렇다면 그 경험을 하게 하는 편이 낫다.

가족 모두가 사용하는 장소라면 몰라도, 아이가 자신의 방을 어지럽히는 것은 아이의 자유다. 어머니는 깨끗한 상태로 두고 싶을지 모르지만, 아이가 어지러워도 좋다고 생각한다면 어쩔 수 없다.

만약 필요한 것이 나오지 않아서 곤란하면 그때 말을 하면 된다.

"어떻게 할래? 방이 이런 상태라면 찾기가 힘들구나. 엄마가 치우는 것을 조금 도와줄까?"

이렇게 엄마와 아이가 함께 치우면서 찾다 보면, 아이가 방을 치우는 좋은 방법을 생각해내는 기회가 된다.

"물건을 빨리 찾으려면 방을 어떻게 치우면 될까?"라고 물으면 더욱 좋지 않을까?

아무리 방이 더러워도 아이 스스로 곤란한 일을 겪지 않는다면, 어머니가 그 방을 보면서 참기 힘들다 해도 아이를 야단칠 필요는 없다.

"엄마는 깨끗하게 하는 것이 좋아. 여길 치워도 되니?"라고 물어보면 되는 것이다.

그리고 아이가 장난감으로 거실이나 식당 등을 어지럽힌다면 "이곳은 가족 모두가 쓰는 장소야. 좀 치워주겠니?"라고 자기 방에 가지고 가게 하자.

"이렇게 그냥 그대로 두었다가 나중에 없어져도 엄마에게는 책임이 없다"라고 말해 두는 것도 좋고, 한번 경고를 했는데도 그대로 방치해 두고 있으면 처분하는 등 알맞은 규칙을 정하는 것도 좋다. 그러나 규칙은 진짜로 실행할 수 있는 범위에서 해 두자. 협박은 아무런 의미가 없다.

사과하는 것이 아니라
사과하는 마음을 키워주자

아이가 친구를 울게 만들어 버려서, 그 아이의 어머니로부터 "우리 아이가 댁의 아이와 놀다가 울면서 돌아왔습니다"라는 말을 듣고 당황해하면서 사과하러 가는 어머니가 있다.

그러나 그 전에 우선 아이에게 사정을 들어보자. 울게 만들고 싶어서 일부러 괴롭힌 경우는 적다. 예를 들면 팀으로 나뉘어서 놀고 있다가, 어떻게든 이기고 싶은 나머지, "너 꾸물대지마!", '바보! 절로 가버려!'라고 말해버렸는지도 모른다.

부모가 처음부터 "솔직하게 말해"라고 무서운 얼굴을 보이면, 아이는 엄마가 알면 곤란한 일을 숨기기 마련이지만, 이 상황에서의 어머니는 처음부터 야단치려고 하는 것이 아니다. 실패해도 좋다고 말해 주는 신뢰관계가 있으면 "실은 이런 일이 있었어요"라고 아이는 사실대로 이야기해줄 것이다.

그리고 아이의 대답을 들으면 "넌 이기고 싶어서 열심히 한 거구나. 하지만 리더로서 모두 다 열심히 하게 하려면, 그렇게 화를 내지 말고, 조금 더 좋은 방법을 생각해 봐야지. 그렇지 않니?"라고 상냥하게 말해 주자.

그러면 고의든 아니든 아이가 울려버린 친구에게는 어떻게 하면 좋을까?

"사과할래요"라고 대답한 경우는, "그래. 그럼 그때는 '다음부터는 이렇게 할게' 라고 말해 주면 좋을 거야" 라고 가르쳐 주자.

아이를 제쳐놓고 부모가 대신 사과해 버리거나, 무리하게 데리고 가서 사과하게 하는 것이 아니라, 아이 스스로 "사과해야지" 라는 마음을 먹게 하는 것이 중요하다.

"내가 나쁜 게 아니에요. 그냥 열심히 한 것뿐이에요" 라고 아이는 주장할지 모른다. 그럴 때는 이렇게 말하자.

"그럼 네가 다른 처지였다면 어땠을까? 그런 식으로 말을 듣는다면 어떤 기분이 들까?"

"엄마는 그런 일이 있었을 때, 네가 친구에게 솔직히 미안하다는 말을 했으면 좋겠구나."

이렇게 아이에게 잠시 생각할 시간을 주자.

비 오는 날에 놀면서 처음으로
알게 되는 경험도 있다

비가 주룩주룩 내리는 날에 아이가 현관 밖으로 뛰어나가려고 한다.

이때 대부분의 어머니는 다음과 같이 말하며 막으려고 할 것이다.

"안 돼. 이런 날에 밖에서 놀면 감기 걸리잖니!"

감기 걸리는 일이 뭐 그리 대수로운 일인가! 사실, 아이는 비 오는 날에 밖에서 놀면 어떻게 되는지 실제로 경험해 보지 않았기에 잘 모른다.

친구가 아무도 없어서 재미없다며 그냥 돌아올 수도 있고, 넘어지거나 흠뻑 젖어 울면서 돌아올지도 모른다.

이것도 다 좋은 경험이다. '비 오는 날에 밖에 나가도 별로 좋은 일은 없구나' 하고 깨달을 수 있기 때문이다. 부모가 가르쳐 주어서 실패를 피하기보다는 스스로 행동한 후 실패를 겪으면서 배우는 쪽이 중요하다.

혹은 "즐거웠다"고 말하면서 돌아올지도 모른다. 주룩주룩 내리는 빗속에서 물놀이를 하거나 큰 나무 아래에서 비를 피하며 주변을 바라보는, 아이 나름대로 신선한 놀이를 발견할 수 있었다면 좋은 일이다. 놀이의 재능을 키울 수 있는 아이는, 그 후 다양한 일에서 그 힘을 발휘할 수 있게 된다.

문제는 흙탕물이 되어서 돌아왔을 때다.

새카만 신발과 옷, 그리고 더러운 손. 어머니는 당장이라도 입 밖으로 "그렇게 옷을 더럽히다니, 손도 더럽고, 얼굴도 더럽고! 그래서 엄마가 나가지 말랬잖아!" 하고 소리치고 싶을 것이다. 그러나 그러고 싶은 것도 그 뒤처리가 자신의 몫이라는 생각에서 비롯된 것이다.

그렇다면 약간이라도 그 책임을 아이에게 지게 하면 어떨까? 수건이라도 건네주면서 욕실에서 직접 옷이랑 몸을 씻게 해도 좋지 않은가.

"직접 씻을 수 있었네. 옷은 세탁기에 넣어 두렴. 흙탕물을 씻어주어서 엄마가 큰 도움이 되었단다"라고 말해 준다면 아이는 앞으로도 '자기의 일은 스스로 하자'라고 생각하게 된다.

그리고 이럴 때를 대비해서 더럽혀도 되는 옷을 준비해두었다가 비 오는 날 밖에서 놀고 싶어 하면 입고 나가게 하는 것은 어떨까? 이런 것도 부모의 지혜다.

아이가 싫은 경험을 할 때마다
부모가 나서지 말고 협력을 해 주자

마음에 안 드는 별명이 생기거나 겨우 한 번 실패한 일을 친구들이 자꾸만 놀린다면, 꽤 고통이 크다.

그런 이야기를 들으면, 곧바로 부모가 나서서 "선생님, 애들이 우리 아이에게 이런 별명을 지어주었다고 합니다. 좀 그만 두게 해 주세요"라고 말하는 경우가 있다. 하지만 아이가 싫은 경험을 할 때마다 부모가 출동해서 처리한다면 아이는 힘을 키울 수 없다.

혹은 반대로 "그런 말을 들었으면 너도 똑같이 갚아주면 되잖아"라든지 "너도 참 패기가 없구나. 무슨 일이 있으면, 상대방을 세게 노려봐. 싫은 일을 당했을 때는 갚아줘야 무시를 당하지 않는 거야"라고 불온한 말을 하는 부모도 있다.

이래서는 싫은 일을 당하고 있는 아이가 마치 잘못한 것처럼 보인다. 이렇게 말을 갚아주면 된다, 똑같이 상대가 싫어하는 별명을 지어주면 된다는 등의 힘에 의한 보복은 해결이라고 말할 수 없다. 힘과 힘의 경쟁이 언제까지나 계속될 뿐이다.

말을 돌려주거나 갚아주는 것이 아니라, 듣기 싫거나 하기 싫은 일에 다해 "그만 했으면 좋겠다"는 표현을 할 수 있는 아이가 진짜 용기 있는 것이 아닐까?

"그런 말을 듣는 것이 싫으면 그만 두라고 말하면 어떨까?" 하고 아이에게 제안하자. 아이가 말을 꺼내기 힘들어하면 어머니가 연습상대를 해 주면 좋다.

"그런 식의 말을 듣는 게 난 싫어. 그러니 좀 그만 하지 않을래?" 라고 자신의 기분을 표현할 수 있도록 용기를 심어 주라. 그때 상대를 노려보거나, 주먹을 쥘 필요는 없다. 고개를 숙이지 말고 곧바로 상대를 마주 보면서 말하면 되는 것이다.

능숙하게 멋진 말로 하지 못하고 더듬거리면서 말하더라도 '그만 해줘' 라는 마음이 전달되면 그것으로 충분하다.

상대가 한 번 말하는 것으로 그만 둘지 어떨지는 잘 모른다. 그래도 전달하는 일이 가능했다면 "스스로 말할 수 있었구나"라고 인정해 줘라. 그러면 자신감을 얻게 된다.

기본적으로 아이 스스로 "싫어"라는 말을 전달해야 한다. 하지만 필요하다고 생각될 때는 어머니가 선생님에게도 한 마디 전하는 등 지원을 하는 것도 좋다고 생각한다.

거절하는 습관이
나쁜 일을 막는다

아이들 중에는 거절하는 것이 서툰 아이가 많은 것 같다.

상대의 권유를 거절하는 일은 그 상대를 거절해 버리는 일이라고 생각하기 때문이다. 부탁이나 권유를 거절하면 더 이상 친구가 될 수 없을지도 모른다는 걱정에서 비롯된 일이다.

거절을 당했을 때는 상대에게도 사정이 있다. 마찬가지로 거절할 때도 자신의 사정을 이야기하며 거절하면 된다. "오늘은 이런 일 때문에 갈 수 없어. 나중에 또 초대해 줘"와 같이 말이다.

그런데 최근에는 초등학생 때부터 친구들에게 "너 술 먹어봤어? 마셔볼래?" 또는 "담배 한 번 피워봐"라는 권유를 당할 때도 있다. 또 물건을 훔치자는 권유를 받는 경우도 있다.

아이가 물건을 훔치는 행동의 유형은 대개 다음의 세 가지 종류로 나뉜다.

첫째, 호기심에서 친구와 해 보는 경우.

둘째, 갖고 싶은 물건이 있는데 돈이 없어서 훔쳐버리는 경우.

셋째, 일부러 '나쁜 아이' 라는 것을 보여주려고 훔치는 경우.

초등학생이라면 대개 첫째에 해당한다.

술과 담배도 물건을 훔치는 일도 제대로 거절할 수 있어야 한다. 그것이 중요하다.

이것저것 변명하지 말고, "하고 싶지 않아", "흥미가 없어"라고, 한 마디로 자신의 마음을 표현해서 그 자리를 벗어나는 것이 가장 좋은 방법이다.

잘 하지 못하겠다면 어머니를 상대로 해서 거절하는 연습을 해 보는 것도 좋다.

물론 동시에 술과 담배가 어떤 식으로 몸에 나쁜지, 물건을 훔치는 것이 왜 잘못되었는가를 제대로 설명해 주어야 한다.

아이를 전학 보내는 것은 불쌍하다가
아니라 다른 인간관계를 만들 수 있는
용기를 키워준다

요즘은 일자리 때문에 아버지가 혼자 다른 지방에 전근 가는 일이 매우 많지만, 나는 이것이 별로 좋은 일이라고 생각하지 않는다.

간단히 전근을 가라고 명령을 내리는 회사도 큰 문제지만 전근을 가게 되면 대개 어머니는 이렇게 말한다.

"아이를 지방으로 전학시키는 것은 불쌍하잖아요."

결국 아버지 혼자 전근을 가게 된다.

그런데 실제로는 어머니가 가고 싶지 않은 것이 아닐까? 이야기를 들어보면, 일종의 '아버지 쫓아내기' 처럼 보인다. 어쩌면 아버지의 존재감이 희미해져 가는 가정이 많은 것도 하나의 이유다.

물론 아이의 처지에서는 자신에게 익숙한 지역을 벗어나 새로운 지역에 가서 낯선 학교에 적응하기는 분명히 힘들 것이다.

하지만 아이가 그곳에서 실패할 위험성과 아버지를 가정에서 배제해 버리는 위험성, 이 두 가지 중 어느 쪽이 더 큰지 다시 한 번 생각해 보라.

고등학생이 되면 상황은 조금 달라지겠지만, 초등학교?중학교는 의무교육이기 때문에 기본적으로는 어떤 곳에 가도 마찬가지다.

오히려 새로운 환경에서도 여러 친구를 만들 수 있는 아이로 키울 수 있는 좋은 기회가 아닐까?

"우리 아이는 다른 아이들과 잘 어울리지 못해서……."

이런 걱정을 하는 어머니가 많지만, 아이들도 각자 자기 나름대로 생각이 있다. 그래서 처음부터 남에게만 기준을 맞추면서 무조건 동화되는 것도 문제가 있다. 아이들 각자 자기 나름대로의 속도로 친구들을 사귀고 친해지면 되는 것이다.

사람은 항상 똑같은 상황과 조건에서만 살 수는 없다. 이제부터는 서로 다른 환경에서 어떻게 적응할 수 있을까 혹은 자신과는 전혀 다른 이질적인 환경에서는 어떻게 조화를 이룰 수 있는가가 중요한 열쇠가 된다.

점점 국제화가 진행되면서 여러 나라의 사람들과 교류할 기회가 많아지고 있다. 문화도 가치관도 생활양식도 다르다. 이렇듯 서로 다른 가치간과 문화가 다른 사람들과 서로 필요한 때 도울 수 있는 관계를 어떻게 만들어 가는가가 중요한 것이다.

아이에게 있어서는 전학도 일종의 새로운 가치관과 생활양식의 변화이다. 그것을 통해 새로운 인간관계를 맺을 수 있는 것이다.

아이가 "친한 친구들과 헤어지는 것이 싫어"라고 말했을 때, 아이에게 용기를 심어 줄 수 있는 그런 어머니가 되기를 바란다.

"학교는 달라져도 친구임에는 변함이 없단다. 놀러오라고 할 수도 있고, 네가 놀러갈 수도 있잖아. 편지도 쓸 수 있어"라고 말하면서, 새로운 학교에서는 어떤 친구가 생길지 이야기를 나눠보면 어떨까?

외모에 대한 열등감도 부모의
무조건적인 사랑만 있다면 괜찮다

친구들 중에는 "뚱보", "넌 못생겼어"라며 친구를 험담하는 아이들이 있다. 이런 일은 옛날부터 흔히 볼 수 있었다.

상황에 따라서는 그런 말을 들은 아이는 꽤 큰 상처를 입는다. 그리고 상처를 입지 않더라도 기분이 좋지 않은 것만은 틀림없다.

"애들이 저보고 못생겼대요. 난 이런 코가 싫어"라고 아이가 고민한다면, "네 눈은 예뻐. 엄마는 그런 눈을 가진 널 정말 좋아해"라고 말해 주자. 눈만이 아니라 어떤 것이든 좋다. "엄마는 너를 아주 좋아해"라고 말해 주자.

아이가 자신을 좋아하려면 부모에게서 무조건적으로 인정을 받아야 한다.

자신을 좋아하는 아이는 외모에 대해서 무슨 말을 듣고 기분이 나빠져도, 그것만으로 자신을 싫어하지는 않는다. "○○가 나보고 못생겼다는 말을 하는 것이 싫어"라고 느껴도 '난 못생겼기 때문에 가치가 없어……' 라고는 생각하지 않는다.

이럴 때, 어머니는 다음과 같은 말을 아이에게 들려주자.

"그런 말을 들으면 당연히 싫겠지. 하지만 만약에 네가 다른 아이더러 뚱뚱보라든지 못생겼다는 말을 했다면 엄마는 슬펐을 거야. 네가 말하지 않아서 다행이야. 엄마는 너를 아주 좋아한단다."

뚱뚱하다는 말을 듣고 "살을 빼고 싶다"는 말을 꺼내는 아이도 있다.

칼로리가 높은 간식만 지나치게 먹어서 비만인 아이라면, "그럼 엄마도 협력할까?"라고 말하면서 영양의 균형을 좀더 생각해 주면 좋을 것이다.

요즘 시대는 날씬한 몸을 가진 것에 비해 건강에 문제가 많은 사람들이 늘고 있다. 텔레비전이나 잡지를 보아도, 초등학생이 동경하는 10대 가수나 탤런트는 대부분 너무 말랐다 싶을 정도의 체형이다.

그 모습을 늘 보고 있는 아이가 "아, 나도 살 빼고 싶다"고 말을 꺼내는 마음이 이해되지 않는 것은 아니지만, 무조건 날씬할 필요는 없다는 것을 아이에게 이해시키는 일이 무엇보다 중요하다. 초등학생 때부터 무리한 다이어트를 해서 섭식장애에 걸리는 아이도 있기 때문이다.

성장기의 아이가 건강하게 자라기 위해서는, 충분한 영양이 필요하다. 뇌에도 영양이 필요한 것이다.

"살을 빼는 데 가장 좋은 것은 운동이란다"라고 말해 주면 어떨까? 예를 들면 만보계(万步計)를 사주면서 하루에 몇 보 걸었는지 조사해 보는 것도 좋을 것이다.

"열심히 해서 이 정도 걸으면 조금 살이 빠질지도 몰라. 저 여배우도 걷는 운동을 하고 있대."

이런 식으로 용기를 심어주는 것도 좋은 아이디어다.

아빠가 싫어가 아니라 아빠의
어디가 싫은가를 들어 본다

고학년이 된 여자아이는, 아버지와 별로 대화를 나누고 싶어 하지 않는다.

때로는 "아빠가 싫어!"라고 말을 하기도 한다.

이렇게 말하는 것은 일시적인 현상이기 때문에, 굳이 간섭을 하지 않고 지켜봐도 되지만, 애가 타서 안달하는 어머니도 있다. 아이가 식탁 앞에서도 충분히 이야기를 하지 않고, "학교는 어때?"라고 물어도 대답도 하지 않기에 '우리 애가 이렇게 반항적이 되다니 어떻게 하지!'라고 고민하는 것이다.

그래서 "아빠와 제대로 이야기 좀 해라"라고 야단을 치기도 한다.

그렇게 걱정이 된다면 아이에게 이유를 물어보면 어떨까?

"아빠의 어디가 싫어?"

신문을 읽으면서 밥을 먹는 것이 싫다, 설교가 길어서 싫다, 화장실을 혼자 점령하기 때문에 싫다, 나에 대해서 전혀 모르기 때문에 싫다 등 여러 가지 이유가 있을 것이다.

이런 말을 들으면 "아, 너는 아빠의 그런 점들이 싫었구나"라고 말해보라. 아버지 자체가 싫은 것이 아니라, 아버지의 그런 행동이 싫다는 것만 확실히 해 두자.

다음은 아버지와 아이의 문제이기 때문에, 아이가 아버지에게 불만을 말하고 싶다면 그렇게 하면 된다. 어머니가 대변할 필요는 없다.

아이에 따라서는 "왜 저런 아빠와 결혼했어요?", "헤어지면 좋을 텐데"라는 말을 꺼낼지도 모른다. 이것은 부부의 문제이기 때문에, 아이가 말을 꺼낼 일은 아니다. 아버지의 어디가 좋은지는 오랫동안 설명해도 아이는 어차피 듣지 않기 때문에 이럴 때는 간단히 설명하라.

"부부라서 좋아해."

반대로 엄마가 아이에게 "사실은 아빠와 헤어지고 싶지만, 아빠가 없으면 너는 싫지?"라고 묻는 경우도 있다. 그런 문제를 아이의 책임으로 돌려서는 안 된다. 부부의 문제에 관해서 아이에게 의견을 요구해서도 안 되고, 그것은 부모가 제대로 책임을 져야만 하는 일이다.

싫은 사람을 좋아하려고 노력해라보다
싫은 사람과 어울리는 방식을 배우게 한다

"저 선생님이 싫어, 차별한단 말이야."

아이가 이런 말을 꺼냈을 때 "정말 그건 큰일이구나. 어떻게든 하지 않으면 안 되겠네"라고 부모가 직접 나서는 경우가 최근 늘어난 모양이다. 이외에도 어떻게든 선생님과 아이를 사이좋게 하려고 다음과 같은 말로 설득하기도 한다.

"그런 일은 없을 거야. 저 선생님도 좋은 분이야. 너희들을 생각해서 열심히 하고 있잖니."

하지만 이런 경우 무리해서 선생님을 감쌀 필요는 없다.

그렇다고 "정말 그래. 다른 어머니한테도 들었지만, 저 선생님은 평판이 좋지 않아"라고 말하는 것도 곤란하다. 결국 아이는 선생님에게 불신감을 가지게 된다.

아이가 선생님을 비판했을 때는 그 비판에 섣불리 동참하지 말고, "너는 그렇게 생각했구나"라고 말해 주면 좋다. 생각하는 것은 아이의 자유이기 때문이다. 초등학교 6년간, 아이가 좋아하는 선생님만 만날 수는 없다. 신문에 실릴 만한 사건을 일으킨 선생님이라면 몰라도, 수업을 하는 방식도 아이들을 대하는 방식도 선생님에 따라서 다양하다. 아이와 맞지 않는 선생님이 있는 것도 당연하다.

학교도 말하자면 세상의 축소판이다. 훌륭한 사람만 만나기를 바라는 것은 무리다. 오히려 자신과 맞지 않는 선생님과 어떻게 사귀는가, 그 방법을 배우는 일이 중요하다.

"너를 편애하지 않는다고 해서 엄마는 오히려 그 편이 다행이라고 생각해. 편애를 받으면 나중에 다른 선생님으로 바뀌었을 때 실망할지도 모르잖아."

"학교에는 담임선생님만 있는 것이 아니란다. 친구도 있고, 음악이나 미술 선생님도 있고. 담임선생님을 좋아하지 않는다면, 그냥 무리해서 친해지려고 애쓰지 않아도 될 것 같은데."

아이에게 "아무리 싫어해도 그러면 안 돼. 좋아지려고 노력을 해야지"라고 말해도 실제로 그렇게 되기란 어렵다. 하지만 선생님이 싫어서 수업시간에 공부를 게을리해도 좋다든지, 시끄럽게 해서 반 아이들에게 불편을 끼쳐도 좋다는 식으로 말해서는 안 된다.

의외로 초등학교에서는 "난 저 선생님이 싫어"라고 말하고 있다가도 사소한 일로 "잘 했구나"라고 인정을 받게 되면 "난 저 선생님이 좋아"라고 쉽게 마음이 변하는 일도 있으니 크게 걱정하지 말자.

캐묻기보다 걱정하는 마음을 전하는 편이
아이의 고민을 들을 수 있다

요즘 아이가 왠지 힘이 없다. 멍하니 딴 생각을 하고 있는 것 같고, 식욕도 없는 것 같다.

이런 경우 어머니로서는 걱정하지 않을 수가 없다.

"무슨 일이 있었니? 제대로 이야기해보렴. 학교에서 무슨 기분 나쁜 일이라도 있었니?"

아마 필사적으로 이유를 알고 싶어 할 것이다.

아이가 "아무것도 아니야"라고 대답했다고 "아, 그래" 하고 쉽게 물러설 수 있는 문제도 아니다. 결국 "아무것도 아닐 리가 없잖아. 무슨 일이 있었다면 제대로 이야기 좀 해 봐"라고 계속 캐물으려 할 것이다.

하지만 아이도 우울할 때가 있고, 초등학교 고학년이 되면 무엇이든지 부모에게 털어놓으려고 하지도 않을 것이다. 아이도 성장해가기 때문이다.

"네게도 고민이 있구나. 뭔가 엄마가 해 줄 수 있는 일이 있니?"

우선은 이런 식으로 말을 걸어주면 좋지 않을까?

"그냥 내버려 두세요"라고 말할지도 모른다. 그리고 한동안 그냥 두다 보면 아이 나름대로 문제를 해결하는 일도 많다.

계속해서 걱정이 된다면 어머니의 마음을 말해 본다.

"요즘 힘이 없는 것 같아서 엄마는 네가 걱정이야. 이야기해 준다면, 도와줄 수 있는 일이 분명 있을 것 같은데."

"네가 밥도 남기고, 밤에도 별로 잠들지 못하는 것 같아서, 엄마는 굉장히 걱정하고 있어……. 어떻게 된 일인지 이야기해 줄래? 돕고 싶어"

어머니에게 털어놓아서 도움을 받을 수 있다고 생각한다면 아이는 말할 것이다. 이때 부모는 '분명 이래서 그럴 거야'라고 미리 결정해 버리거나, 무리하게 캐묻는 등 섣부른 행동은 하지 말아야 한다.

학교에 가지 않는 것을 탓하기보다,
가려는 노력을 칭찬해 준다

학교에서 무슨 안 좋은 일이 있었는지 아이가 "학교에 가고 싶지 않아"라고 말한다. 이런 때 "좋아. 가고 싶지 않으면 쉬렴" 하고 대답하는 부모는 없을 것이다. 사실 쉬라고 말하는 것도 조금은 무책임하다.

그럴 때는 "왜 가고 싶지 않니? 엄마에게 이유를 가르쳐 줄래?"라고 물어보자. 무서운 얼굴을 하고 추궁하는 것이 아니라, 그냥 평소처럼 물으면 되는 것이다.

배가 아프다든지 머리가 아프다고 한다면, "거짓말이지?"라고 화내지 말고, 의사에게 데리고 가자. 대부분의 의사들은 "큰 문제는 없다고 생각하지만, 조금 쉬면서 상황을 볼까요?"라고 말해 줄 것이다. 이것으로 학교를 쉴 수 있는 이유가 생긴다. 그러면 학교에 가는 것이 괴롭고 꾀병이라는 중압감까지 받아야 하는 아이의 부담감을 조금 덜어줄 수 있다. 일단 며칠 쉬게 되면 기력도 회복할 것이다.

이때, "몸도 좋아진 것 같으니 내일부터 학교에 갈래?"라고 말을 걸으면, 의외로 "응" 하고 대답할 수도 있다.

학교에 가고 싶지 않은 이유를 물어도 "몰라요", "그냥 가기 싫어요"라고 대답하는 경우가 많다. 어른들이 그냥 아무 이유 없이 피곤해서 움직이고 싶지 않을 때와 같은 것이다.

이럴 때는 "잘은 모르겠지만 그냥 가고 싶지 않은 거구나"라고 말하는 수밖에 없다.

학교에 갈지 안 갈지를 결정하는 것은 아이 자신이다. 가기 싫다고 하는데, 부모가 무리하게 학교에 보내는 것도 현명한 선택은 아니다.

어떤 중학생은 부모가 자꾸만 학교에 가라고 해서 현관 밖을 나섰지만, 학교에는 차마 가지 못하고 지하철을 타고 빙빙 돌다가 오후 3시쯤에 "다녀왔습니다" 하고 집에 돌아온 적이 있다고 한다. 학교는 가기 싫은데다가 집에서조차 쉴 수 없다면 그것만큼 불쌍한 일이 또 있을까? 오히려 집에서 안심하고 편안하게 쉬는 편이 학교에 갈 마음도 빨리 생길 것이다.

학교를 쉬는 경우에는 집에서 어떻게 지내는지, 그 방식이 문제가 된다. 이때 부모는 큰 소동을 피우지 말고, 평소대로 하는 것이 좋다.

"학교를 쉰다면, 모처럼 집에서 엄마를 도와주겠니?"

이렇게 부탁해도 좋고, 어머니에게 일이 있는 경우는 아이더러 집을 보라고 부탁해도 좋으며 한동안 같이 놀아주는 것도 좋다. 충실하게 시간을 보낼 수 있는 방법을 생각하라.

도와달라고 부탁하는 경우는 결코 '학교를 쉰 벌' 로써 강요하는 것이 아니라, '부탁' 을 하는 것이다. 학교를 쉬어서, 조금 떳떳하지 못한 기분이 들고 있는 아이는 어머니가 부탁하면 응해줄 것이다. 아이가 도와주었다면 "도움이 됐다. 학교는 쉬었지만, 엄마를 많이 도와주었네"라고 말해 주자.

또 "내일은 갈 수 있겠니?"라고 말을 걸었을 때 "갈래요"라고 말하면서 학교 갈 준비를 했는데, 다음 날이 되자 다시 학교에 가기 싫어하는 아이도 있다. 그럴 때는 "왜 또 그래?" 하고 야단치지 말고, 적어도 아이가 학교에 가려고 노력한 점을 인정해 주자.

만약 가고 싶지 않은 이유를 아이가 호소하면, 자꾸 아이의 말을 끊지 말고 일단 이야기를 끝까지 제대로 들어 보라.

"엄마에게 솔직히 말해 주어서 고맙다"라고 말하면서, 함께 대책을 생각하면 좋다.

아이들이 괴롭혀도 지지 마라는 말은 결국 아이를 추궁하는 말이다

   친구들에게 따돌림을 당하거나 괴롭힘을 당하고 있는 아이는 그 사실을 잘 말하지 않는다.

   만약 아이가 그런 일을 당하는 것 같은 느낌이 들면 "엄마가 걱정이 되서 말이지. 엄마가 도와줄 수 있는 일이 있으면 언제든지 말해 주렴" 하고 말을 걸면서 며칠 동안 아이를 지켜보자. 무리하게 이야기를 들으려고 하지 말고, "걱정하고 있다", "도움이 되고 싶다"고 말해 주면 아이도 이야기할 마음이 생길 것이다.

   아이가 실제로 따돌림을 당하고 괴롭힘을 당하고 있다는 사실을 알았을 때는, 우선 아이의 마음을 그대로 인정해 줘라.

   "정말 잘 이야기해 주었구나."

   "그동안 정말로 괴로웠겠구나."

   이런 식으로 말한다.

"왜 빨리 이야기하지 않았니?", "너한테도 어딘가 나쁜 점이 있는 것은 아니니?", "괴롭혀도 절대로 지지 말아라"…… 등. 이런 식으로 아이를 탓하는 말은 입에 담지 마라. 괴롭힘을 당한 아이는 이미 '나는 이것밖에 안 돼' 라는 생각으로 힘들어하는 상태다.

그런 다음에 아이에게 물어보자.

"엄마는 선생님에게 상담하러 가고 싶은데 어떻게 생각해?"

아이는 "제 스스로 어떻게든 할게요"라고 말할지도 모른다. 그렇다면 한동안 지켜봐도 좋고, 다시 한 번, 이런 식으로 말해도 좋을 것이다.

"그럼 네 스스로 해 보겠니? 그렇다면 네가 부탁을 해서가 아니라, 이 일은 반 전체의 문제이기 때문에, 다른 아이를 위해서라도 엄마가 선생님과 이야기를 하고 싶은데, 괜찮겠니?"

선생님에게는 이런 식으로 부탁을 하면 좋다.

"우리 아이가 친구들에게 괴롭힘을 당하고 있어요. 지금 많이 힘들어해요. 이 반에서 그런 일이 없어지기 위해서, 제가 뭔가 할 수 있는 일이 있으면 돕게 해 주세요."

아이 대신 문제를 해결해 주는 것이 아니라, "어떻게 하면 좋을지 너도 생각하렴. 엄마도 생각해 볼게, 선생님도 생각하신대"라고 말한다.

괴롭히고 있는 아이의 부모와 연락을 취하는 것도 효과적인 방법이다. 괴롭히고 있는 아이의 부모도, 대개는 곤란해 하고 있을 것이다.

결코 "댁의 아이가 우리 아이에게 뭘 한 겁니까?" 라고 탓하는 것이 아니라 아이들 문제로 상담하고 싶다며 이야기를 나눈다. 차라도 마시면서 정보를 교환하고, 마음 편하게 서로 연락을 취할 수 있는 관계를 만드는 일이 중요하다.

초등학교에서는 부모끼리 사이좋게 지내면, 아이들도 서로 괴롭히거나 따돌리거나 하는 일이 많이 사라진다.

친구 사이에 생긴 트러블,
장난과 괴롭힘은 구분한다

종종 친구 중 약간 못된 장난으로 체육복을 숨기거나, 학용품이나 구두 등을 숨겨 버리는 일이 있다. 상대는 재미있어 하고 있을지 모르지만, 당하는 쪽은 곤란하기도 하고, 매우 불쾌하기도 하다.

"그런 행동을 하는 아이가 있다니. 내가 선생님에게 연락해서 상담을 해 볼까?"

이렇게 물었을 때 아이가 "네, 그렇게 해 주세요"라고 한다면, 학교 선생님에게 상담을 하면 좋다.

그렇지만 아이가 "내가 어떻게든 할 테니까 됐어요"라고 말한다면, 일단 그렇게 하기로 하고 상황을 보자. 아이 스스로 선생님에게 상담할지도 모르고, 숨긴 아이가 누구인지 짐작이 갈지도 모른다. 혹은 학급모임 등에서 "이런 일을 당해서 곤란했습니다. 이젠 숨기지 말아 주세요"라고 발언할 수도 있을 것이다.

한참 지나서 "어떻게 되었니?"라고 물어 보고, 더 이상 그런 일을 당하지 않는다고 한다면 "잘 됐구나. 네가 직접 해결했네"라고 인정해 주면 좋다. 그러나 아직 같은 일을 당하고 있다면, 부모가 나설 때인지도 모른다.

"이젠 슬슬 어머니가 선생님에게 이야기하는 편이 좋다고 생각하는데"라고 아이의 양해를 구하자. 다음은 학교에서 어떻게 지도하느냐의 문제다.

단순히 장난친 정도가 아니라, 진짜 '괴롭힘'을 당한 경우라면 아이가 간단히 그만 해 달라고 말하기가 어렵다. 그렇다면 그냥 장난을 치는 수준과 진짜로 괴롭히는 수준의 차이는 무엇일까?

사실 확실한 정의는 없다. 아무리 상대가 장난을 치고 있었다 해도, 아이 자신이 '괴롭힘을 당하고 있다'고 느낀다면 그것은 어엿한 '괴롭힘'인 것이다.

그렇게 느끼는 행동은 구체적으로 어떤 것을 가리키는 걸까? 아이가 '나는 이곳에 있을 가치가 없어'라는 느낌을 받게 되는 경우다. 자신의 존재 그 자체를 부정 당하는 일만큼, 아이에게 상처가 되는 경험도 없다.

부모가 실패를 인정하면 아이도
솔직하게 사과할 수 있게 된다

냉장고에서 햄을 꺼내려고 했는데 분명 많이 남아있어야 할 햄이 없다. "또 먹었구나!" 하고 아이를 야단쳤는데 알고 보니 몰래 꺼내 먹은 사람은 아버지였다…….

이때, "네가 항상 냉장고에서 마음대로 꺼내서 먹기 때문에, 의심을 받는 거야"라며 변명을 하지 마라. 그냥 "미안해"라고 사과하자.

"엄마도 잘 생각해 보지 않고 속단했네. 앞으로 조심할게"라고 사과하면 된다.

그러면 아이도 "아, 엄마도 무심코 틀릴 수 있구나. 그렇다면 내가 그렇게 틀리는 것도 어쩔 수 없는 건가 봐" 하며 안심할 것이다.

사과하면 아이에게 무시를 당한다고 생각하는 부모가 있는 것 같지만 그런 일은 없다. 오히려 아이에게 사과할 수 있는 용기를 가진 부모가 더욱 필요하다.

부모가 끝까지 실패를 인정하지 않고, "평소에 제대로 하지 않으면, 무슨 일이 있을 때 오해를 받는다. 이제 알았겠지? 조심해"라고 설교를 하면, 아이도 그런 부모의 태도를 흉내 내게 된다.

어떤 일에서 실패를 하더라도 그것을 인정하지 않고, 고집을 부리거나 누군가에게 폐를 끼치고는 일말의 미안함조차 느끼지 못하게 된다. 무엇보다도 잘 해내지 못한 자신을 인정할 수 없게 되고, 그런 자신을 싫어하게 된다.

부모가 솔직하게 실패를 인정한다면 "엄마도 실패하는구나. 반드시 실패하지 않아야 하는 건 아니네"라고 안심한다. 그럼으로써 아이도 자신의 실패를 인정할 수 있게 되고, 실패한 자신을 싫어하지 않게 되는 것이다.

부모의 실언도 아이와
대화를 나누는 기회가 된다

말을 안 듣는 아이에게, 자기도 모르게 화가 나서 "이젠 네 마음대로 하거라!"라고 말한 적은 없는가.

어떤 어머니가 아이를 데리고 어린 조카와 함께 동물원에 가게 되었다. 그런데 아이는 "동물원 같은 곳은 재미없어!"라고 말한다.

이왕 외출한다면 놀이기구가 있는 유원지가 좋다. 하지만 어린 조카는 기린이나 코끼리를 보고 싶어 한다.

"동생이랑 함께 가잖아. 동물원에 가야 해."

"그럼 난 안 갈래요. 친구와 놀고 있는 편이 좋아요."

"자신만 생각하는 게 아니야. 모두가 함께 가는 거니까."

"싫어. 가고 싶지 않아."

"그렇다면 네 마음대로 해!"

이런 말이 나오는 것은, 정작 어머니의 마음속에 '이 아이가 내 생각대로 움직여줬으면 좋겠다’ 는 지배의 마음이 있기 때문이다. 그래서 아이가 자신의 생각대로 움직여 주지 않으면 ‘이젠 됐어!’ 라고 말하는 것이다. 이 점에 대해서 다시 생각해볼 필요성이 있다. 아이는 부모의 생각대로 움직이는 인형이 아니다. 또 그렇게 만들려고 해서도 안 된다. 아이의 반론을 인정하지 않는 것은 “로봇이 되어라” 라고 말하는 것과 같다.

우선 그 점을 명심한 후에 대화를 나누자.

“아까는 나도 모르게 화가 나서 네 마음대로 하라고 말했는데, 정말 미안하다. 그렇게 말한 건 엄마가 잘못했다. 넌 너대로 생각이 있는데 말이다.”

어머니가 솔직하게 실패를 인정한다면, 아이도 조금은 솔직하게 이야기를 들을 마음이 생긴다.

“그래, 너는 유원지에 가고 싶구나.”

아이의 말을 처음부터 부정하는 것이 아니라, 제대로 듣고 있다는 것을 표현하는 것이 중요하다.

“조금 양보해줄 수 없겠니? 엄마는 모두와 함께 가고 싶어. 네가 어린 친척 동생을 보살펴 준다면, 정말 큰 도움이 되겠는데.”

“이번에 네가 양보해 준다면, 다음 달에는 유원지에 가도록 할게.”

아이에게 ‘이렇게 해라’, ‘이렇게 해야만 한다’ 고 명령하는 것이 아니라, 어머니의 마음을 전하는 것이다. 양보해 달라고 한다면 타협안을 제시하는 일도 필요할 것이다.

아이는 기본적으로 어머니를 기쁘게 하고 싶어 한다. 어머니가 도움이 된다고 말하면서 부탁을 한다면, 마음이 움직인다.

이런 식으로 이야기를 나눈다면, 서로에게 주장을 강요하는 대신, '서로 양보하는' 것을 배우는 좋은 기회가 된다.

만약 그래도 아이가 "동물원에는 가고 싶지 않아"라고 말한다면 어쩔 수 없다. "그럼 혼자 집을 지켜야 하는데 그래도 괜찮겠니?"라고 자신의 말에 책임을 지게 하자. 그리고 아이가 할 수 있는 범위에서 집을 지키는 방법을 가르쳐 준다. 점심식사는 미리 준비해두고, "밖에 나가지 말고 문을 잠그고 집에 있어라", "오후가 되면 빨래를 걷으렴" 하고 부탁을 하는 등 연령에 따라서 여러 가지 일이 가능할 것이다.

아이는 조금 불안한 마음이 생기거나 재미없어 할 수도 있고, 자신의 결정을 후회할지도 모른다.

그럴 때도 "그러니까 내가 가자고 말했잖아"라고 혼내줄 필요는 없다.

"힘들었구나. 하지만 네 스스로 선택한 일이잖니"라고 말한다면 아이도 충분히 이해한다. 다음에 똑같은 일이 있으면 어떻게 할지 스스로 생각하게 될 것이다.

아이를 때렸다면, 때린 자신이
아니라 방식에 대해서 반성한다

아이가 여러 번 말해도 말을 잘 듣지 않아서 그만 "왜 넌 항상 그 모양이니!"라고 말하며 때리고 말았다.

이때 성실하고 열심히 자녀교육을 하는 어머니일수록, "아이를 때리다니 난 나쁜 엄마야", "난 아이를 좋아할 수 없는 부모인가 봐"라고 자신을 탓하면서 한층 더 스트레스를 만들고 괴로워한다. 이렇게 스트레스를 받게 되면 오히려 아이를 더욱 체벌하게 될 수도 있다.

비록 실패해도 그것을 인정하자. 인간은 완전하지 않기 때문에, 자기도 모르게 감정적이 되어서 때리는 경우도 있다.

"조금 전에 엄마가 그만 화가 나서 때렸는데, 미안하다. 역시 때리는 건 안 좋은데 말이다."

하지만 아직 화가 나 있는 상태에서 사과하려고 했을 때, 아이가 경청하지 않는다면 "엄마가 모처럼 사과를 하는데, 그 태도가 뭐야"라고 더욱 화가 날지도 모른다. 그러므로 서로 마음이 안정된 후에, 제대로 사과를 하면 좋다.

"널 때리다니, 난 나쁜 엄마인가 봐. 미안해……"라고 심각해져서는 안 된다. '나쁜 어머니' 라는 말을 듣고 기뻐하는 아이는 없다. 방식이 잘못 되었을 뿐이지 '나쁜 어머니' 는 없다.

앞으로 어떻게 하면 때리지 않고 말을 잘 전달할 수 있는지 생각하자.

아이를 때리는 것은 '야단치는' 일의 일종이라고 생각할지 모르지만, 그것은 잘못된 생각이다. 대개는 감정을 억누를 수가 없어서 아이를 때리는 것이다. 그래서 야단치고 있는 것이 아니라, 분노와 짜증을 아이에게 마구 분출하는 것으로 볼 수 있다.

실제로 아이를 때릴 때는 단순히 눈앞에 있는 아이의 행동에 화를 내고 있다기보다 지금까지 있었던 많은 일들이 겹치면서 분노를 느끼거나, 마침 오늘 안 좋은 일이 겹치면서 처음부터 짜증을 내고 있는 것일 수도 있다.

그 사실을 아는 것만으로도 상황은 많이 달라진다.

아이가 한 행동을 보고 자기도 모르게 화가 났을 때는, 그 감정을 그대로 아이에게 내보여서는 안 된다. "엄마 지금 화났어"라고 말로 하는 것은 좋지만, 때리는 행동은 금물이다.

감정이 흥분된 상태에서 똑같은 실패를 반복하지 않으려면, 차분히 마음을 가라앉히는 시간을 갖도록 하라.

아이를 야단칠 때도 쇼핑을 다녀온 후에 다시 한 번 "아까 일은 말야"라고 이야기를 꺼내거나, 잠시 집 주변을 산책하거나, 세탁물을 거두는 등 머리를 식힌 후에 하는 것이 좋다.

이때는 "네가 말을 듣지 않는구나. 엄마 잠시만 밖에 나갔다 올게"라고 말하는 것도 금물이다.

"지금 화가 나 있어서 머리를 식히고 10분 후에 돌아올게"라든지, "미안하지만, 잠시만 쉬자. 나중에 다시 한 번 이야기하자"라고 말하자.

아이와 한 약속을 지키지 못할 때는, 사과보다는 앞으로 어떻게 할지가 더 중요하다

일을 하는 어머니는 늘 예정된 시간에 귀가하기가 힘들다. "6시까지 돌아올게"라고 말했는데 공교롭게도 야근을 해야 하는 경우도 생긴다.

이런 때, "자꾸만 아이가 직장에 전화를 걸어와서 곤란해 죽겠어요"라고 말하는 어머니가 있다. 그렇지만 아이가 자꾸 전화를 하는 이유는 어머니가 언제 돌아올지 몰라서 불안하기 때문이다.

약속시간에 늦게 되면 그 사실을 안 시점에서 즉시 아이에게 알려 주자.

"6시에 돌아간다고 했는데, 일을 마치는 데 시간이 좀 걸릴 것 같아. 아마 8시에 집에 들어갈 것 같은데…… 미안해. 대신 간식을 사 갈게"라고 말하면 아이는 기다릴 수 있다.

아무리 바빠도 어머니가 아무 연락도 하지 않으면, 시간이 지날

수록 아이는 불안에 빠진다. '혹시 엄마가 죽은 것은 아닐까', '다시는 돌아오지 않을지도 몰라' 등 여러 가지 생각을 해 버리는 것이다. 그래서 "엄마, 몇 시에 와?"라고 자꾸만 전화를 걸고 싶어지는 것이다.

"전화 좀 그만 해"라고 야단을 치면 오히려 아이가 불쌍하다. 그러지 말고 "엄마가 걱정이 되어서 전화를 했구나. 다음부터는 귀가 시간을 꼭 말해 줄게. 걱정하지 않아도 괜찮아"라고 말해 주자.

아이와 약속한 시간은 가능한 한 지키도록 애쓰자. 일에 한하지 않고, 학부모 회의나 다른 볼일 때문에 외출하는 경우도 마찬가지다. 아이에게는 "시간을 잘 지켜라"라고 말하면서, 어머니가 시간을 제대로 지키지 않는 것은 잘못됐다.

아이와 한 약속을 지키지 못할 때는 어떻게 하면 좋을까?

예를 들면 아이의 학예회에 "꼭 갈게"라고 약속했는데, 도저히 빠질 수 없는 용건이 생기는 바람에 가지 못했다고 하자.

아이는 엄마가 오지 않은 것에 대해 실망하고, 기분이 나빠졌다. 그렇게 되는 것도 무리는 아니다. 그래서 "왜 오지 않았어요?" 하고 신경질적으로 묻기도 한다.

"미안해. 중요한 용건이 있어서 말이야."

"온다고 했잖아요."

"그렇지만 도저히 오늘이 아니면 안 되는 중요한 일이었어."

"와 준다고 약속했으면서……. 엄마, 너무해요."

언제까지 자꾸 그 일에 대해서 말하고 있어도, 지나간 일은 어쩔 수 없다. 시간을 되돌릴 수는 없다.

약속을 지키지 못했으니 제대로 사과를 하고, 다음부터 가능한 일을 같이 생각해 보자.

"지금 엄마가 무엇을 하면 좋겠니?"라고 물어보라.

"엄마도 정말 보고 싶어서 그러는데 학예회 장면을 비디오로 녹화한 사람 어디 없을까?"

그러면 아이는 약간 마음이 풀려서 "○○에게 한번 물어 볼게요"라고 대답할지도 모른다.

또 "어떻게 했는지 궁금해. 좀 가르쳐 줄래?"라고 말하면, 아이는 열심히 자신이 한 역할이나 연극의 완성도에 대해서 들려줄지 모른다.

할 수 없었던 일 대신에 앞으로 가능한 일을 생각하는 방법을 부디 아이에게 가르쳐주기 바란다.

완벽하지 못한 부모가
아이를 편안하게 해 준다

아이 앞에서 싸움을 하는 것은 좋지 않다. 하지만 대화를 나누다 보니 자기도 모르게 싸움으로 번지는 일도 있다.

이럴 때, "아빠랑 엄마, 조금 전에 싸웠어요?"라고 아이가 물어보면 어떻게 대답해야 좋을까?

"싸움은 무슨. 그런 거 아냐"라고 속이는 것은 좋지 않다. '실은 아빠에게 애인이 있었단다……' 라는 이야기는 아이에게 결코 해서는 안 되지만, 일상적인 이야기라면 가르쳐 주는 편이 아이도 안심할 수 있다.

"그라. 이런 일로 아빠랑 의견이 맞지 않았단다. 싸움이 아니라 대화로 하고 싶었는데, 엄마도 모르게 감정적이 되어 버려서."

"아, 그러게. 조금 더 조용히 이야기하는 편이 좋았는데. 하하"

항상 훌륭한 어머니가 아니어도 좋다. 실패하지 않는 완벽한 어머니라면 아이도 숨이 막혀 버린다. 자기도 모르게 싸우게 되었을 때는, 실제로 인정을 하면 되는 것이다.

물론 아이가 보는 앞에서는 싸우지 않는 것이 가장 좋다.

부부라고 해도 여러모로 의견이 다를 수 있지만, 그런 일을 대화로 나누고 싶을 때는, 장소와 상황을 배려하자.

아이가 잠자리에 든 후에 대화를 나누거나, 산책을 하면서 토론하는 것도 좋다.

01 게임을 하면 "안 돼"라는 말만 하지 말고 때로는 어머니도 같이 해 보면, 아이가 어떤 점에 매력을 느끼는지 잘 알게 될 것이다.

02 '좋은 아이구나' 라고 인격을 평가하기보다 '스스로 할 수 있었구나' 라고 행동을 인정해 준다.

03 문제가 일어날 때마다 주의를 줄 것이 아니라 아무 문제없이 잘 해낼 때는 칭찬을 해주어야 한다.

04 아이의 행동에 대해 답을 줄 것이 아니라 부모로서 경험과 정보를 제공해 주어야 한다.

05 부모가 아이를 대신해서 아이의 상태를 단정하는 일을 해서는 안 된다. 아이 스스로 선택할 수 있도록 용기를 주자.

: 못하는 아이를 보는 것이 아니라 **못하는 일을 본다**

: **다른 아이와 비교하지 말고**, 그 아이의 성장을 인정하라

: **결과보다** 과정에 주목하라

: 할 수 없었던 일 보다 **할 수 있었던 일을** 이야기하라

: 이렇게 하면 좋다 보다 **이렇게 하는 방식도 있다**는 것을 전하라

: 자신의 말로 전할 수 있도록 **용기를 주자**

06

아들러 박사의
실패를 활용하는
자녀교육법

실패했을 때야말로 "어떻게 하면 좋을까?", "어떻게 하면 좀더 잘 해나갈 수 있을까?"라고 생각할 수 있는 좋은 기회다. 어디까지나 생각하는 데 도움이 되는 재료로써, 부모의 경험과 정보를 제공하라. "엄마는 이런 방법도 있다고 생각하는데." "이렇게 생각해볼 수도 있을 것 같은데." 어머니가 몇 가지 정도 사항을 제시하고, 아이에게 직접 선택할 수 있도록 한다.

아이 대신 과제를 해 주는 것만이 '협력'이라고는 할 수 없다.

못하는 아이를 보는 것이
아니라 못하는 일을 본다

아이의 행동이 잘 풀리지 않았을 때, 부모들은 자칫 "너는 덜렁이여서 그래", "패기가 없다니까", '네가 제멋대로 하기 때문이야'라고 말해 버리곤 한다. 이것은 아이의 인격 자체를 운운하고 있는 것이다.

실패는 행동의 결과가 안 좋았기 때문이지, 인격의 문제가 아니다.

이럴 때는 '다음에는 어떤 식으로 행동을 하면 좋을까' 라고 아이에게 스스로 생각하게 하자. 그러면 아이는 다시 도전할 수 있는 용기를 얻는다. 하지만 인격을 평가받는 일은 이런 아이의 용기를 빼앗는다. '나는 항상 당황해버리기 때문이야', '난 어차피 패기가 없어서' 라고 자신의 성격을 단정 지어서 새로운 일에 도전하지 못하게 만든다. 일이 잘 풀렸을 때도 마찬가지다. "좋은 아이구나"라고 인격을 평가하기보다 스스로 할 수 있었구나, "해 줘서 큰 도움이 되었어"라고 행동을 인정해 준다. '인격이 아니라 행동' … 이것이 바로 아들러 심리학의 기본이다.

다른 아이와 비교하지 말고,
그 아이의 성장을 인정하라

"다른 아이는 좀더 열심히 공부하고 있는데."

"다들 무서워하지 않잖아. 너도 할 수 있을 거야."

이렇게 다른 아이와 비교를 당하면, 아이는 "난 아직 많이 부족하구나", "다른 아이처럼 할 수 없다"고 느낀다. 이래서는 실패가 아이에게 도움이 되지 않는다. 타인과 비교하는 것이 아니라, 그 아이 나름의 진보에 시선을 주는 일이 중요하다.

"어제보다 많이 공부했구나."

"예전보다 당당히 할 수 있게 되었구나."

아주 작은 일이라도, 자신의 성장을 인정받게 되면 아이는 자신감을 갖는다. 실패를 통해서 자신감을 키워나갈 때, 앞으로 나가는 힘도 생겨난다.

결과보다 과정에 주목하라

결과가 좋은지 그렇지 않은지 보다 "어떤 식으로 시도했는가" 에 주목하라.

아무리 열심히 해도 좋은 결과가 나오지 않는 경우도 있지만, 그 과정에서 배우는 점은 많을 것이다. "이런 잘 안 되었네"라는 한 마디로 끝나 버리면, 그 과정이 갑자기 물거품이 되어 버린다.

부모가 "이런 식으로 시도한 것은 좋았다고 생각해"라고 인정해 주면, 아이에게도 '다음에는 좀더 이렇게 해 보자' 라고 생각하는 열의가 생겨난다.

금방 결과가 나오는 것보다, 오히려 여러 번 실패를 해가면서 얻는 결과가 오히려 훨씬 더 많은 도움이 된다. '자기다움' 을 간직할 수 있을 때 새로운 일도 시도할 수 있다.

할 수 없었던 일보다
할 수 있었던 일을 이야기하라

"넌 항상 물건을 잘 놓고 다녀"라는 말을 자주 듣는 아이도, 날마다 물건을 잊어버리는 것은 아닐 것이다. 잊지 않고 잘 챙길 때도 있다. "너는 항상 떠들기만 하는구나"라고 자주 야단을 맞는 아이도, 조용히 할 때가 분명 있을 것이다.

어머니들은 자주 문제가 일어났을 때 아이에게 주의를 주지만 아무 문제없이 잘 해낼 때는 자기도 모르게 '당연한 일'이라고 생각해 버린다. 아이가 잘 했을 때를 주목해서, "오늘은 물건을 잘 챙겨 왔네", "조용히 있었네"라고 인정해 줘라.

"또 젓가락질이 이상해"라고 주의만 주지 말고, 제대로 했을 때는 "잘했네"라고 말해 주자.

그러면 아이도 '인정받았어. 다음에도 제대로 젓가락질을 해야지'라고 생각한다.

이렇게 하면 좋다보다 이렇게 하는
방식도 있다는 것을 전하라

부모는 아이에 비해서 많은 경험과 정보를 가지고 있다. 그래서 "이렇게 해라", "이렇게 하면 좋다"고 일일이 답을 주려고 한다.

하지만 그렇게 해서는 아이 스스로 생각하는 힘과 판단하는 힘이 자라지 않는다.

실패했을 때야말로 "어떻게 하면 좋을까?", "어떻게 하면 좀더 잘 해나갈 수 있을까?"라고 생각할 수 있는 좋은 기회다. 어디까지나 생각하는 데 도움이 되는 재료로써, 부모의 경험과 정보를 제공하라.

"엄마는 이런 방법도 있다고 생각하는데."

"이렇게 생각해볼 수도 있을 것 같은데."

어머니가 몇 가지 정도 사항을 제시하고, 아이에게 직접 선택할 수 있도록 한다. 멀리 돌아서 가는 것처럼 보여도, 이 단계를 제대로 밟는다면 자신의 결정에 책임을 질 수 있게 될 것이다.

자신의 말로 전할 수 있도록
용기를 주자

옛말에 '이심전심'이라는 말이 있다. 서로 말로 하지 않아도 서로의 마음을 충분히 헤아린다는 뜻이다. 그것은 서로가 같은 문화권에서 생활을 해왔기 때문이다. 하지만 국제화 시대가 열린 지금은 더 이상 통용되지 않는다. 그럼에도 사람들은 '말하지 않아도 다 알아줄 거야' 하며 어리광을 부린다. 계속 고개를 숙이고 있거나, 훌쩍훌쩍 울고 있는 아이에게 "슬프지? 또 저 아이가 괴롭혔구나. 그렇지?"라고 어머니가 아이를 대신해서 아이의 상태를 단정하는 일은 그만 두자.

화가 나서 친구를 한방 때렸을 때도 "때려서는 안 돼"라고 말만 하는 것이 아니라, "왜 때린 거지? 네 스스로 말해 보렴", '다음에 이번처럼 똑같은 일이 생기면 어떻게 해야 때리지 않고 마음을 잘 전달할 수 있을까?'라고 물어 보라. 무슨 일이 있었는지, 어떻게 느끼고 있는지 또 어떻게 하고 싶은 건지…… 말로 전달하는 힘이 중요하다.

폐를 끼치지 않는 삶의 방식이 아니라
타인에게 도움이 되는 삶의 방식을 가르친다

사람은 누구에게도 폐를 끼치지 않고 생활할 수는 없으므로 실패해서 남에게 폐를 끼쳤을 때는 "미안해"라거나 보충이 가능한 범위 내에서 해결하는 것이 좋다.

사람은 모두 타인에게 신세를 지면서 산다.

단지, 지금 사회가 무엇이든 돈이면 다 된다고 생각하기 때문에 아이는 서로 신세지는 모습을 보기 힘든 것뿐이다.

옛날에는 간장이 떨어지면 옆집에 가서 "간장 좀 빌려 주세요"라고 부탁했는데, 지금은 언제 어느 때라도 편의점에만 가면 얼마든지 살 수 있다. "잠깐 외출하는데 저희 집 좀 부탁드릴게요"라고 말하지 않아도 돈만 지불하면 안전까지 보장해 주는 세상이다. 하지만 이것도 다 다른 사람들이 일을 해 주기 때문이 아닌가!

"타인에게 폐를 끼치지 마라"가 아니라, "모두에게 신세를 지면서 살고 있다. 그러니 너도 너만의 힘을 키워서, 그 힘으로 다른 사람에게 도움을 주렴” 하고 가르쳐라. 부디 사회에 공헌할 수 있는 아이로 키워주기를 바란다.